建德市常见植物图鉴

ILLUSTRATIONS BOOK OF
COMMON PLANTS IN JIANDE CITY

盛卫星 吴家森 编著

ZHEJIANG UNIVERSITY PRESS
浙江大学出版社 | 全国百佳图书出版单位

图书在版编目（CIP）数据

建德市常见植物图鉴 / 盛卫星，吴家森编著. — 杭
州 ：浙江大学出版社，2022.1
ISBN 978-7-308-22157-3

Ⅰ. ①建… Ⅱ. ①盛… ②吴… Ⅲ. ①植物−建德−
图谱 Ⅳ. ①Q948.525.54-64

中国版本图书馆CIP数据核字（2021）第261487号

建德市常见植物图鉴

盛卫星　吴家森　编著

责任编辑	季　峥	
责任校对	潘晶晶	
封面设计	雷建军	
出版发行	浙江大学出版社	
	（杭州市天目山路148号　邮政编码310007）	
	（网址:http://www.zjupress.com）	
排　　版	杭州朝曦图文设计有限公司	
印　　刷	浙江省邮电印刷股份有限公司	
开　　本	889mm×1194mm　1/16	
印　　张	18.5	
字　　数	268千	
版印次	2022年1月第1版　2022年1月第1次印刷	
书　　号	ISBN 978-7-308-22157-3	
定　　价	199.00元	

前　言

　　建德市地处浙江省西部、钱塘江水系中上游、杭州—黄山黄金旅游线中段,获得中国优秀旅游城市、全国绿化模范城市、全国生态示范区、全国生态文明先进市、中国最具影响力旅游名城等荣誉称号。建德市属亚热带季风气候区,植物资源丰富,但市域内的植物家底不清、资源不明,严重制约了全市植物资源的保护与利用工作。

　　2020年,建德市林业局联合浙江农林大学,对全市公益林区域的植物资源开展了系统的调查与研究,查明全市共有野生、归化及露地栽培的维管束植物2101种(含种以下等级),隶属于199科928属。在此基础上,项目组精选了280种常见植物,编著了《建德市常见植物图鉴》,对每种植物的中名、拉丁学名、科名、形态特征、生境与分布、主要用途等进行说明,并均配有特征图片。本书具有较强的科普性,可供从事植物多样性保护,植物资源开发利用,林业、园林、生态、环保等专业的研究人员及师生参考。

　　由于编者水平有限,编撰时间较短,书中难免有谬误之处,敬请读者不吝批评、指正。

编著者

2021年春于杭州

目　录

总　论

第一节　自然概况

1　地理位置

建德市地处浙江省西部、钱塘江水系中上游、杭州—黄山黄金旅游线中段。全市地域面积2321km²。地理位置介于东经118°53′46″~119°45′51″、北纬29°12′20″~29°46′27″。市境东与浦江县接壤,南与兰溪市和龙游县毗邻,西南与衢州市衢江区相交,西北与淳安县为邻,东北与桐庐县交界。东起乾潭镇金郎坪村,西至李家镇大坑源村,长84.38km;南起大洋镇毕家村,北至乾潭镇胥岭村,宽62.93km。

建德市属杭州市管辖,离杭州城区120km;至衢州市城区104km、金华市城区69km、淳安县城33km。320国道从乾潭镇后山村入境,跨越杨村桥、下涯、洋溪、新安江、更楼、寿昌、航头、大同,于李家镇界头村出境;330国道起于寿昌镇山峰村,经大慈岩镇檀村村出境;杭(州)新(安江)景(德镇)高速公路自东向西贯穿全境,境内长58.57km。浙赣铁路金(华)千(岛湖)支线由大慈岩镇檀村村入境,至新安江街道岭后村。

2　气候

建德市属亚热带季风气候区,具温暖湿润、雨量充沛、四季分明的亚热带季风气候特点。年均气温16.9℃,最低月(1月)月均气温4.8℃,极端最低气温-9.5℃,最高月(7月)月均气温35.1℃,极端最高气温42.9℃,≥10℃年积温5360℃·d左右。年均无霜期254d左右,常年11月下旬初霜,翌年3月中旬终霜。年均降水量约1500mm,雨日160d左右,降水量季节分配不均,3—6月为多雨期,降水量占全年的一半以上,日最大降水量约270mm;年均相对湿度约78%;年均蒸发量约1100mm,降水量大于蒸发量。年均日照时数约1941h,年总辐射量约106.8kcal/cm²。常年多东北风。境内地形复杂,小气候类型多样,适宜各种林木生长。

建德市灾害性天气主要有晚春的低温阴雨,梅汛期的暴雨洪涝,盛夏期的干旱,秋季的低温,冬季的寒潮、冰霜冻、大雪,春、夏、秋季局部地区的冰雹、雷雨等。

3　地形地貌

建德市地处浙西丘陵、山地和金衢盆地毗连处,地表以分割破碎的低山、丘陵为特色,地面起伏大,大部分地区属钱塘江凹槽地质构造带。整个地势为西北和东南两边高,中间低,自西南向东北倾斜。水系由周边向中间汇集,主要河流由西南流向东北,与山脉走向一致。

市域内地貌分低山、丘陵和小片平原3类。

低山:市域内海拔500~1000m的低山有50.98万亩(1亩≈667m²),占建德市总面积的14.60%,主要分布于西部的李家、长林、童家、石屏,北部的大洲、罗村,东部的姚村、凤凰和南部的马目、邓家一带。位于梅城的乌龙山山体平地拔起,海拔909m,雄伟壮观,素称"严州镇山"。

低山的土壤母岩分别为:西北部由古生代砂岩、灰岩等沉积岩组成,地形破碎,山势陡峻,山坡流水侵蚀明显,切割较深,部分基岩裸露,山间沟谷狭窄,比降大;北部的姚村一带和中部的马目、邓家一带由中生代火山岩构成,经风化形成奇峰怪石、悬崖峭壁,山间有多级小块平台,谷间开阔,缓丘起伏,土壤肥沃。

丘陵:市域内山体海拔500m以下、相对高程200~500m的丘陵面积为140.01万亩,分布于南部和西南部;海拔500m以下、相对高程50~200m的低丘面积为95.78万亩。土壤母质由含砾火山凝灰岩组成,小部分由中生代红色砂页岩等沉积岩组成。地势较为平缓,谷地开阔,表层有发育土层。

平原:市域内小片平原面积为62.61万亩,为主要农业耕作区。其集中分布于河流和沟谷两岸。在溪流汇入干流口的地段,形成小片平原。面积较大的有安仁、乾潭、梅城、下涯、洋溪、于合、寿昌和大同等地。其土壤深厚、肥沃。

4 土壤

市域内古代火山活动强烈,地壳升降变化较大,形成的岩石具多样性。西北部以沉积岩为主,东南部以火成岩为主。土壤母质来源于沉积岩、火成岩等多种岩类岩石风化而成的残积体、坡积物,以及山洪冲击物、河流冲击物。

市域内土壤类型多样,主要有红壤、黄壤、岩性土、潮土和水稻土5类,28个土属。红壤土类分红壤、黄红壤和侵蚀性红壤3个亚类,10个土属;黄壤土类分黄壤、侵蚀性黄壤2个亚类,2个土属;岩性土土类分钙质紫砂土和石灰岩土2个亚类,3个土属;潮土土类为1个亚类,1个土属;水稻土土类分渗育型水稻土、潴育型水稻土和潜育型水稻土3个亚类,12个土属。

市域内受地型、土壤母质和气候的影响,土壤分布具有明显的垂直分布和地域分布规律。

垂直分布:海拔650~1000m的低山,以山地黄泥土和山地石砂土为主;海拔200~650m的丘陵,以黄泥土、石砂土、砂黏质红土、粉红泥土、油黄泥土、油红泥土为主;海拔200m以下的丘陵山地,以黄泥土、黄红泥土、黄筋泥、红砂土、酸性紫砂土、紫砂土、红紫砂土、水稻土、培泥砂土为主。

地域分布:新安江、富春江、兰江和寿昌江4条江的两岸,从江边向内陆的土壤分布变化为清水砂—培泥砂田—泥质田—黄泥砂田—黄泥田。低山、丘陵的山脚土壤以黄泥土、黄红泥土为主。低山峡谷谷口地带,母质受洪水冲积,堆积成洪积泥砂田。石灰岩地带多为油黄泥土。

市域内山地土壤有红壤、黄壤和岩性土3个土类。红壤土类占山地土壤总面积的74.3%,分布于海拔500~600m的低山、丘陵,土壤呈酸性或微酸性,有机质含量中等,质地中壤到轻壤;黄壤土类占山地土壤总面积的6.8%,分布于海拔500~700m的低山,土壤质地疏松,有机质含量较高;岩性土土类占山地土壤总面积的19.8%,呈碱性,有机质含量很低。

5　水文

建德市全境属钱塘江流域,水系由周边向中间汇集,由西南流向东北。市境内有新安江、兰江、富春江3条较大的河流和38条中小溪流。总流长562.1km(干流总长141.2km),流域总面积2326km²。

新安江源于安徽省休宁县西南山区,在市境西部的新安江街道芹坑埠入境,由西向东流经新安江城区、洋溪、下涯、杨村桥,在梅城东关与兰江汇合后流入富春江;境内全长41.4km,流域面积1291.44km²。寿昌江是新安江的一级支流,发源于建德市李家镇长林大坑源,河道曲折,集流时间短,河床宽浅,总落差428m,比降大,流速快,暴涨暴落,且易造成洪涝灾害。

兰江从大洋镇三河埠入境,自南而北流经大洋,于梅城东关汇入富春江;境内长23.5km,流域面积419.38km²。

富春江由西南流向东北,经乌石滩、七里泷,于冷水流入桐庐县;境内长19.3km,流域面积615.75km²。

全市中小溪流属雨源型河流,枯洪变化悬殊,地表径流与降水量的时空分布相一致。多年平均径流深796.9mm,年径流量$18.58\times10^8m^3$,其中地表水年径流量$16.45\times10^8m^3$,地下水年径流量$2.13\times10^8m^3$。

全市有新安江、富春江两座大型水库,市境内的水域面积分别为16.6km²和33.3km²。中型及以下水库、山塘有5101座,正常库容$1.1\times10^8m^3$。其中,中型水库1座,正常库容$1950\times10^4m^3$;$100\times10^4m^3$以上的小(一)型水库25座,正常库容$4100\times10^4m^3$;$10\times10^4\sim100\times10^4m^3$小(二)型水库106座,正常库容$1921\times10^4m^3$。

第二节　植物区系组成与特征

1　植物区系组成

建德市境内共有维管束植物2101种(含种下等级,下同),隶属于199科928属(见表1)。其中,蕨类植物115种,裸子植物71种,被子植物1915种(双子叶植物1520种,单子叶植物395种)。

表1　植物区系组成

分类		科		属		种	
		科数	占比/%	属数	占比/%	种数	占比/%
蕨类植物		35	17.6	64	6.9	115	5.5
裸子植物		9	4.5	33	3.6	71	3.4
被子植物	单子叶植物	24	12.1	214	23.1	395	18.8
	双子叶植物	131	65.8	617	66.5	1520	72.3
	小计	155	77.9	831	89.5	1915	91.1
总计		199		928		2101	

2 原生植物资源

2.1 种类统计

如表2所示,建德市共有原生维管束植物183科1614种,物种资源十分丰富,分别占浙江省维管束植物233科4872种(蕨类植物依据朱圣潮《浙江蕨类植物的数量统计分析》,种子植物依据郑朝宗等《浙江种子植物检索鉴定手册》)的78.5%、33.1%。其中,蕨类植物34科128种,分别占浙江省蕨类植物49科542种的69.4%、23.6%;裸子植物5科12种,分别占浙江省裸子植物9科59种的55.6%、20.3%;被子植物144科1474种,分别占浙江省被子植物175科4271种的82.3%、34.5%。

表2 原生植物组成

分类	蕨类植物			裸子植物			被子植物			总计		
	建德市	浙江省	占比/%	建德市	浙江省	占比/%	建德市	浙江省	占比/%	建德市	浙江省	占比/%
科	34	49	69.4	5	9	55.6	144	175	82.3	183	233	78.5
种	128	542	23.6	12	59	20.3	1474	4271	34.5	1614	4872	33.1

2.2 地理成分来源

根据吴征镒先生《中国种子植物属的分布区类型》一文的划分方法,在属的分布区类型中,除地中海、西亚至中亚分布类型外,建德市植物有其他14种类型,说明建德市植物区系组成的地理成分具有多样性和复杂性。对除世界分布类型外的14种类型的分析表明,建德市植物中,热带成分类型的属(类型2~7)有274属,占总属数的46.05%;温带成分类型的属(类型8~15)有321属,占总属数的53.95%(见表3)。这表明建德市植物区系中温带性植物占优势。

表3 植物属的分布区类型

序号	分布区类型	属数	占总属数的比例/%*	占热带成分或温带成分类型总属数的比例/%
1	世界分布	68	/	/
2	泛热带分布	133	22.35	48.54
3	热带亚洲和热带美洲间断分布	15	2.52	5.47
4	旧世界热带分布	39	6.55	14.23
5	热带亚洲至热带大洋洲分布	25	4.20	9.12
6	热带亚洲至热带非洲分布	20	3.36	7.30
7	热带亚洲分布	42	7.06	15.33
	热带成分(类型2~7)小计	274	46.05	100.00
8	北温带分布	111	18.66	34.58
9	东亚和北美洲间断分布	54	9.08	16.82
10	旧世界温带分布	35	5.88	10.90
11	温带亚洲分布	8	1.34	2.49
12	中亚分布	1	0.17	0.31
13	地中海、西亚至中亚分布	0	0.00	0.00
14	东亚分布	92	15.46	28.66
15	中国特有分布	20	3.36	6.23
	温带成分(类型8~15)小计	321	53.95	100.00

*:总属数不包括世界分布类型

2.2.1　热带成分类型分析

在各类热带成分类型中,以泛热带分布类型占绝对优势,总计133属,占热带成分类型的48.54%,代表属有安息香属、菝葜属、白酒草属、大戟属、大青属、冬青属、杜英属、鹅绒藤属、狗尾草属、桂樱属、花椒属、黄杨属、金粟兰属、冷水花属、母草属、木蓝属、南蛇藤属、飘拂草属、朴属、榕属、山矾属、柿属、薯蓣属、酸浆属、卫矛属、乌桕属、豨莶属、崖豆藤属、叶下珠属、苎麻属、紫金牛属、紫珠属等。

第二是热带亚洲分布类型,计42属,占热带成分类型的15.33%,代表属有翅果菊属、构属、鸡矢藤属、青冈属、清风藤属、润楠属、箬竹属、山茶属、山胡椒属等。

第三为旧世界热带分布类型,计39属,占热带成分类型的14.23%,代表属有八角枫属、扁担杆属、海桐花属、合欢属、金茅属、蒲桃属、千金藤属、山桐子属、水竹叶属、乌蔹莓属、吴茱萸属、野桐属等。

第四为热带亚洲至热带大洋洲分布类型,计25属,占热带成分类型的9.12%,代表属有樟属、紫薇属、栝楼属、荛花属、通泉草属、柘属等。

热带亚洲至热带非洲分布类型,共20属,占热带成分类型的7.30%,代表属有赤飑属、钝果寄生属、荩草属、类芦属、马蓝属、芒属、水团花属、香茅属、莠竹属等。

热带亚洲和热带美洲间断分布类型15属,占热带成分类型的5.47%,代表属有楼属、木姜子属、楠木属、泡花树属、雀梅藤属、鸢萝属。

在这些热带成分类型中,青冈属、樟属、楠木属、冬青属、山茶属、楼属等树种是构成建德地带性植被——常绿阔叶林的主要成员。

2.2.2　温带成分类型分析

在温带成分类型中,以北温带分布类型占主导地位,共有111属,占温带成分类型的34.58%,代表属有百合属、稗属、桦属、慈姑属、杜鹃花属、椴树属、鹅耳枥属、风轮菜属、蒿属、胡颓子属、画眉草属、黄精属、荚蒾属、景天属、栎属、栗属、柳属、婆婆纳属、葡萄属、槭属、蔷薇属、忍冬属、天南星属、委陵菜属、绣线菊属、野豌豆属、樱属、榆属、鸢尾属、越橘属、紫堇属、紫菀属等。

东亚分布类型共有92属,占温带成分类型的28.66%,代表属有败酱属、半夏属、虎刺属、苦竹属、毛竹属、猕猴桃属、山麦冬属、石荠苎属、四照花属、五加属、野木瓜属、帚菊属等。

东亚和北美洲间断分布类型共有54属,占温带成分类型的16.82%,代表属有菖蒲属、楤木属、勾儿茶属、胡枝子属、栲属、络石属、爬山虎属、山蚂蝗属、蛇葡萄属、石栎属、石楠属、绣球属等。

旧世界温带分布类型共有35属,占温带成分类型的10.90%,代表属有鹅观草属、梨属、女贞属、沙参属、天名精属。

中国特有分布类型共有20属,占温带成分类型的6.23%,代表属有秤锤树属、金钱松属、蜡梅属、杉木属、香果树属、钟萼木属、七子花属等。

温带亚洲分布类型共有8属,占温带成分类型的2.49%,代表属有白鹃梅属、孩儿参属、马兰属等。

中亚分布类型仅有1属(黄连木属),占温带成分类型的0.31%。

2.2.3　世界分布类型分析

世界分布类型共有68属。该类型以草本属居多,木本属仅有铁线莲属、槐属、鼠李属、悬钩子属4个;草本属的代表有莕菜属、藨草属、灯心草属、鬼针草属、黄芩属、金丝桃属、堇菜属、拉拉藤属、狸藻属、藜属、蓼属、龙胆属、马唐属、毛茛属、茄属、莎草属、鼠麹草属、鼠尾草属、碎米荠属、薹草属、苋属、眼子菜属、珍珠菜属等。

3 重点保护野生植物

3.1 国家重点保护野生植物

依据《国家重点保护野生植物名录》(2021),建德市境内共有国家重点保护野生植物23种,其中,国家一级重点保护野生植物有南方红豆杉、中华水韭2种,国家二级重点保护野生植物有长柄石杉、闽浙马尾杉、水蕨、金钱松、榧树、长叶榧、野荞麦、六角莲、浙江楠、野大豆、花榈木、中华猕猴桃、大籽猕猴桃、野菱、细果秤锤树、香果树、浙江七子花、中华结缕草、华重楼、白及、春兰21种。

3.2 浙江省重点保护野生植物

依据《浙江省重点保护野生植物名录(第一批)》(2012),建德市境内共有浙江省重点保护野生植物11种,分别为樱果朴、孩儿参、箭叶淫羊藿、蜡梅、野豇豆、东方野扇花、三叶崖爬藤、红淡比、堇叶紫金牛、浙江安息香、水蕹。

各 论

001　中华水韭

学名　*Isoëtes sinensis* Palmer
科名　水韭科 Isoëtaceae

形态特征　多年生沼生植物,植株高15~30cm。根状茎肉质,块状,略呈2~3瓣,具多数2叉分歧的根;向上丛生多数向轴覆瓦状排列的叶。叶多汁,草质,鲜绿色,线形,长15~30cm,宽1~2mm,4个纵行气道围绕中肋,并由横隔膜分隔形成多数气室,先端渐尖,基部广鞘状,膜质,黄白色,腹部凹入,上有三角形渐尖的叶舌,凹入处生孢子囊。

生境与分布　见于新安江林场;生于浅水池塘边和山沟淤泥上。

主要用途　国家一级重点保护野生植物,可供观赏。

002　银杏

学名　*Ginkgo biloba* Linn.
科名　银杏科 Ginkgoaceae
别名　白果树

形态特征　大乔木。树皮灰褐色,深纵裂,粗糙。短枝密被叶痕,黑灰色。叶片淡绿色,螺旋状散生于长枝上,在短枝上3~8枚呈簇生状。雄球花4~6,花粉球形;雌球花具长梗,梗端常分2叉。种子椭圆形、长倒卵形、卵圆形或近圆球形,外种皮肉质,熟时黄色或橙黄色,外被白粉,有酸臭味。花期3—4月,种子9—10月。

生境与分布　全市各地有栽培。

主要用途　国家一级重点保护野生植物。优良干果;绿化观赏树;叶片可制药。

003　日本冷杉

学名　*Abies firma* Sieb. et Zucc.
科名　松科 Pinaceae

形态特征　常绿乔木。树皮暗灰色或暗灰黑色。大枝轮生，平展；小枝平滑，淡灰黄色，凹槽中有细毛或无毛；冬芽卵圆形，有少量树脂。叶直或微弯，幼树或萌芽枝上的叶先端2叉分裂，下有2条灰白色气孔带。球果圆柱形，基部稍宽，成熟时为黄褐色或灰褐色；中部种鳞扇状方形；苞鳞明显外露，上部呈三角状，先端有急尖头。种翅楔状长方形，较种子为长。花期4—5月，球果10月成熟。

生境与分布　全市各地有栽培。

主要用途　材质轻软，可作家具、造纸和建筑用材；树形优美，可供观赏。

004 金钱松

学名 *Pseudolarix amabilis*（Nels.）Rehd.
科名 松科 Pinaceae

形态特征 落叶乔木。叶线形,镰状弯曲或直,长枝上的叶辐射伸展,短枝上的叶15~30枚簇生,平展,呈圆盘形,秋季呈金黄色。球果卵圆形或倒卵圆形,有短梗,熟时褐黄色;种鳞三角状披针形,先端渐尖,有凹缺,基部呈心形;苞鳞卵状披针形,边缘有细齿。种子倒卵形或卵圆形,种翅三角状披针形。花期4月,球果10月成熟。

生境与分布 全市各地有栽培。

主要用途 国家二级重点保护野生植物。优良用材树种;根皮和近根基干皮入药,对治疗疗疮和顽癣有显著效果。

005　马尾松

学名　*Pinus massoniana* Lamb.
科名　松科 Pinaceae

形态特征　常绿乔木。树冠宽塔形或伞形；树皮红褐色，不规则鳞片状开裂；枝条平展，淡黄褐色；冬芽卵状圆柱形或圆柱形，赤褐色。叶2针1束，细柔，两面有气孔线，边缘有细锯齿；叶鞘褐色至灰黑色，宿存。一年生小球果紫褐色，成熟时长卵形或卵圆形，栗褐色，有短梗，常下垂；鳞盾菱形，扁平或微隆起，鳞脐微凹，无刺或稀有短刺。花期4—5月，球果翌年10—11月成熟。

生境与分布　生于海拔700m以下的低山、丘陵地区；见于全市各地。

主要用途　木材纹理直，结构粗，耐水湿，为矿柱、枕木等用材；成年树可采割松脂；花粉可掺入糕点食用。

006 黄山松

学名 *Pinus taiwanensis* Hayata
科名 松科 Pinaceae

形态特征 常绿乔木。树冠呈伞盖状或平顶;树皮深灰褐色,呈不规则鳞状厚块片开裂;大枝轮生,平展或斜展;一年生小枝淡黄褐色或暗红褐色,无毛;冬芽栗褐色,卵圆形或长卵圆形,芽鳞先端尖,边缘薄,有细缺刻。叶2针1束,稍硬直,边缘有细锯齿,两面有气孔线。球果卵圆形,熟时暗褐色或栗褐色,宿存于树上数年不脱落。花期4—5月,球果翌年10月成熟。

生境与分布 生于海拔700m以上的山区。

主要用途 材质坚硬,耐久用,可作桥梁、家具和建筑等用材;成年树可采松脂;枝条及针叶可作造纸原料;松针可提芳香油;松花粉可制保健品。

007 杉木

学名 *Cunninghamia lanceolata*（Lamb.）Hook.

科名 杉科 Taxodiaceae

形态特征 常绿乔木。树冠圆锥形；树皮灰褐色，裂成长条片脱落，内皮红褐色；大枝平展，小枝近对生或轮生，幼枝绿色，光滑无毛。叶披针形或线状披针形，革质，先端急尖，叶下面沿中脉两侧各有1条白色气孔带。球果卵圆形或近球形；苞鳞革质，三角状卵形，先端有刺状尖头，边缘有不规则的锯齿；种鳞小，先端3裂，腹面着生3粒种子。种子扁平，两侧边缘有窄翅。花期3—4月，球果10月成熟。

生境与分布 全市各地有栽培；生于海拔800m以下的山地、丘陵。

主要用途 木材纹理直，材质轻，为建筑、桥梁、家具、农具的优良用材。

008　柳杉

学名　*Cryptomeria japonica*（Thunb. ex Linn. f.）D. Don var. *sinensis* Miq.
科名　杉科 Taxodiaceae

形态特征　常绿乔木。树皮红棕色,深纵裂或裂成长条片脱落;大枝近轮生,平展或斜展;小枝细长,常下垂。叶钻形,先端内弯,幼树及萌芽枝上的叶长达2~4cm,果枝上的叶长不及1cm。球果圆球形或扁球形;种鳞约20枚,每一能育种鳞有2粒种子。种子褐色,三角状椭圆形,扁平,边缘有窄翅;子叶3枚,稀4枚,出土。花期4月,球果10—11月成熟。

生境与分布　全市各地有栽培;生于海拔800m以下的山地。

主要用途　树形优美,供观赏;树皮入药,可治癣疮;材质较轻,可作建筑、家具等用材。

009　池杉

学名　*Taxodium distichum*（Linn.）Rich. var. *imbricatum*（Nutt.）Croom
科名　杉科 Taxodiaceae

形态特征　落叶乔木。树冠狭窄。树干基部膨大；在低湿地常有膝状呼吸根。一或二年生枝褐色。叶二形：条形叶在侧生小枝上排成2列，互生，羽状；钻形叶螺旋状排列，贴近小枝。雌雄同株；雄球花多数排成总状或圆锥状；雌球花单生。球果圆球形，黄褐色。种子不规则三角形。花期3—4月，球果10—11月成熟。

生境与分布　全市各地有栽培。

主要用途　极耐水湿，较耐水淹；优良的湿地及四旁绿化树种；可供材用，材质一般。

010 水杉

学名　*Metasequoia glyptostroboides* Hu et Cheng

科名　杉科 Taxodiaceae

形态特征　落叶乔木。树干基部通常凹凸不平；树皮灰褐色，裂成薄片状脱落；小枝下垂；树冠广圆形；冬芽卵圆形或卵状椭圆形。叶线形，上面淡绿色，下面色较淡，沿中脉有2条淡黄色气孔带，每条带有4~8条气孔线；叶在侧生小枝上排成2列，呈羽状，冬季与枝一起脱落。球果近圆球形或四棱状球形，下垂，熟时深褐色。种子扁平，周围有翅，先端凹缺。花期3月，球果10月成熟。

生境与分布　全市各地有栽培。

主要用途　材质轻软，易加工，多用于板壁和室内装修；造纸材料；观赏树和四旁绿化树。

011 侧柏

学名 *Platycladus orientalis*（Linn.）Franco
科名 柏科 Cupressaceae

形态特征 常绿乔木。树皮薄,浅灰褐色,纵裂成条片;树冠广圆形;生鳞叶小枝向上直伸或斜展,扁平,排成一平面。叶鳞形。球果近圆球形,成熟前近肉质,蓝绿色,被白粉,成熟后木质,开裂,红褐色;中间2对种鳞背部顶端的下方有一向外弯曲的尖头。种子卵圆形或近椭圆形,灰褐色或紫褐色,无翅或有极窄之翅。花期3—4月,球果10月成熟。

生境与分布 全市各地有栽培。

主要用途 材质细密,坚实耐用,作建筑、家具、农具等用材;园林绿化树种。

012　柏木

学名　*Cupressus funebris* Endl.
科名　柏科 Cupressaceae

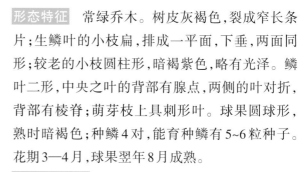

形态特征　常绿乔木。树皮灰褐色,裂成窄长条片;生鳞叶的小枝扁,排成一平面,下垂,两面同形;较老的小枝圆柱形,暗褐紫色,略有光泽。鳞叶二形,中央之叶的背部有腺点,两侧的叶对折,背部有棱脊;萌芽枝上具刺形叶。球果圆球形,熟时暗褐色;种鳞4对,能育种鳞有5~6粒种子。花期3—4月,球果翌年8月成熟。

生境与分布　见于全市各地;多生于石灰岩地区。

主要用途　造船、建筑、家具等优良用材;枝、叶可提芳香油;树姿优美,可孤植或列植供观赏。

013　福建柏

学名　*Fokienia hodginsii*（Dunn）Henry et Thomas
科名　柏科 Cupressaceae

形态特征　常绿乔木。树冠广展；树皮紫褐色，平滑或纵裂；大枝横展，二或三年生枝褐色，光滑，圆柱形。鳞叶大，呈节状，两侧具有明显的白色气孔带，先端渐尖或急尖；大树上的叶较小，两侧的叶先端微内曲，急尖或微钝。球果近球形；种鳞木质，盾形，顶部多角形，表面皱缩微凹，中间有1个小尖头突起。种子卵形，上面有2个大小不等的薄翅。花期3—4月，种子翌年10月成熟。

生境与分布　建德林场有栽培。

主要用途　国家二级重点保护野生植物。纹理细致，坚实耐用，可作建筑、雕刻、家具、农具等用材；树形优美，可作庭院观赏树。

014 竹柏

学名 *Nageia nagi*（Thunb.）O. Kuntze
科名 罗汉松科 Podocarpaceae

形态特征 常绿乔木。树皮红褐色或暗紫红色，成小块薄片脱落。树冠广圆锥形。叶长卵形、卵状披针形或披针状椭圆形，革质，有多数平行细脉，有光泽，基部楔形或宽楔形，向下窄成柄状。雄球花腋生，常呈分枝状，花梗粗短；雌球花单生于叶腋，基部有数枚苞片，花后苞片不肥大成肉质种托。种子圆球形，成熟时假种皮暗紫色，有白粉；外种皮骨质，黄褐色，顶端圆，基部尖。花期3—4月，种子10月成熟。

生境与分布 全市各地有栽培。

主要用途 优良的工艺用材和园林绿化树种；种子可提取工业用油。

015　罗汉松

学名　*Podocarpus macrophyllus*（Thunb.）Sweet
科名　罗汉松科 Podocarpaceae

形态特征　常绿乔木。树皮灰色或灰褐色,浅纵裂,成片脱落;枝开展,较密。叶线状披针形,微弯,长7~13cm,宽0.7~1.0cm,先端尖,基部楔形,上面深绿色,有光泽。雄球花穗状,腋生,常3~5个簇生于极短的花梗上,基部有数枚三角状苞片;雌球花单生于叶腋,有梗,基部有少数钻形苞片。种子卵球形,成熟时肉质假种皮紫黑色,有白粉;种托肉质圆柱形,红色或紫红色。花期4—5月,种子8—9月成熟。

生境与分布　全市各地有栽培。

主要用途　优良的用材和园林绿化树种。

016　南方红豆杉

学名　*Taxus wallichiana* Zucc. var. *mairei* (Lemé. et H. Lév) L. K. Fu et Nan Li

科名　红豆杉科　Taxaceae

形态特征　常绿乔木。树皮赤褐色或灰褐色，浅纵裂。叶通常较宽较长，多呈镰状，上部渐窄，先端渐尖，下面中脉带上局部有成片或零星的角质乳头状突起或无，气孔带黄绿色，中脉带清晰可见，色泽与气孔带相异，呈淡绿色或绿色。种子微扁，上部较宽，呈倒卵圆形或椭圆状卵形，有钝纵脊，生于红色肉质杯状假种皮中。花期3—4月，种子11月成熟。

生境与分布　见于全市各地。

主要用途　国家一级重点保护野生植物。作建筑、车辆、家具与细木工等用材；优良的园林绿化树种。

017 榧树

学名 *Torreya grandis* Fort. ex Lindl.
科名 红豆杉科 Taxaceae

形态特征 常绿乔木。树皮淡黄灰色或灰褐色,不规则纵裂;一年生小枝绿色,二或三年生小枝黄绿色或绿黄色。叶线形,先端突尖成刺状短尖头,上面亮绿色,中脉不明显,下面淡绿色,气孔带与中脉带近等宽。种子椭圆形、卵圆形、倒卵形或长椭圆形,成熟时假种皮淡紫褐色,有白粉,先端有小突尖头。花期4月,种子翌年10月成熟。

生境与分布 见于全市各地;生于温凉湿润的低山、丘陵、谷地的混交林中。

主要用途 国家二级重点保护野生植物。建筑、造船、家具等优良用材;假种皮可提取芳香油;种子可食,又可榨油;树姿优美,供园林绿化,也可制作盆景。

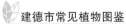
018 响叶杨

学名 *Populus adenopoda* Maxim.
科名 杨柳科 Salicaceae

形态特征 乔木,高可达30m。树皮灰白色,光滑,老时深灰色,纵裂。叶卵状圆形或卵形,先端长渐尖,基部截形或心形。雄花序苞片条裂,有长缘毛,花盘齿裂。蒴果卵状长椭圆形,先端锐尖,有短柄,2瓣裂。种子倒卵状椭圆形,暗褐色。花期3—4月,果期4—5月。

生境与分布 见于全市各地;生长于阳坡灌丛中、杂木林中。

主要用途 供建筑、器具、造纸等用。

019　垂柳

学名　*Salix babylonica* Linn.
科名　杨柳科 Salicaceae

形态特征　乔木,高达12~18m。树冠开展而疏散。树皮灰黑色,不规则开裂;枝细,下垂,无毛。芽线形,先端急尖。叶狭披针形或线状披针形,先端长渐尖;托叶仅生在萌芽枝上,斜披针形或卵圆形,边缘有牙齿。花序先叶开放。蒴果带绿黄褐色。花期3—4月,果期4—5月。

生境与分布　全市各地有栽培;耐水湿。

主要用途　优美的绿化树种;木材可供制家具;枝条可编筐;树皮含鞣质,可提制栲胶。

020 杨梅

学名 *Myrica rubra* (Lour.) Sieb. et Zucc.
科名 杨梅科 Myricaceae

形态特征 常绿乔木。树皮灰色,老时纵向浅裂;小枝及芽无毛。树冠圆球形。叶革质,无毛,常密集生于小枝上端。花雌雄异株。雄花序单独或数条丛生于叶腋,圆柱状;花药椭圆形,暗红色,无毛。雌花序常单生于叶腋,较雄花序短而细瘦。核果球状,外表面具乳头状突起,外果皮肉质,多汁液及树脂,味酸甜,成熟时深红色或紫红色;核常为阔椭圆形或圆卵形。4月开花,6—7月果实成熟。

生境与分布 见于全市各地;生于海拔1500m以下山坡或山谷林中,喜酸性土壤。

主要用途 著名水果;树皮富含单宁,可用作赤褐色染料及医药上的收敛剂。

021 化香树

学名 *Platycarya strobilacea* Sieb. et Zucc.
科名 胡桃科 Juglandaceae

形态特征 落叶小乔木。树皮灰色,老时则不规则纵裂。二年生枝条暗褐色;嫩枝被褐色柔毛,不久即脱落而无毛。复叶,具7~23枚小叶;小叶纸质,侧生小叶无叶柄。两性花序和雄花序在小枝顶端排列成伞房状花序束,直立。果序球果状,卵状椭圆形至长椭圆状圆柱形,果实小坚果状,背腹压扁状,两侧具狭翅。种子卵形,种皮黄褐色,膜质。5—6月开花,7—8月果成熟。

生境与分布 见于全市各地;生于海拔1300m以下的向阳山坡中及杂木林中。

主要用途 树皮、根皮、叶和果序可提制栲胶;叶可作农药;种子可榨油。

022　美国山核桃

学名　*Carya illinoinensis*（Wangenh.）K. Koch
科名　胡桃科 Juglandaceae

形态特征　大乔木。树皮粗糙，深纵裂。芽黄褐色，被柔毛；芽鳞镊合状排列。奇数羽状复叶，具9~17枚小叶；小叶具极短的小叶柄，顶端渐尖。雄性柔荑花序3条1束，自二年生小枝顶端或当年生小枝基部的叶痕腋内生出。雌性穗状花序直立。果实矩圆形或长椭圆形，有4条纵棱，内果皮平滑，灰褐色，有暗褐色斑点，顶端有黑色条纹。5月开花，9—11月果成熟。

生境与分布　全市各地有栽培。

主要用途　果仁（即种子）含油脂，可食；著名干果。

023 枫杨

学名　*Pterocarya stenoptera* C. DC.
科名　胡桃科 Juglandaceae

形态特征　大乔木。幼树树皮平滑,浅灰色,老时则深纵裂;小枝灰色至暗褐色。叶多为偶数或稀奇数羽状复叶,叶轴具翅至翅不甚发达;小叶10~16枚,无小叶柄,对生或稀近对生,基部歪斜,边缘有向内弯的细锯齿。雄性柔荑花序单独生于二年生枝条上。果实长椭圆形;果翅狭,条形或阔条形,具近于平行的脉。花期4—5月,果期8—9月。

生境与分布　见于全市各地;生于海拔1500m以下的沿溪涧河滩、阴湿山坡。

主要用途　庭院观赏树或行道树。树皮和枝皮含鞣质,可提取栲胶。

024 青钱柳

学名 *Cyclocarya paliurus*（Batal.）Iljinsk
科名 胡桃科 Juglandaceae

形态特征 乔木,高达30m。树皮灰色;枝条黑褐色,具灰黄色皮孔。奇数羽状复叶,具7~9小叶;小叶纸质,长椭圆状卵形,基部歪斜,顶端钝或急尖。雄性柔荑花序3条1束生于花序梗上。雌性柔荑花序单独顶生。果实扁球形,密被短柔毛,果实及果翅全部被腺体。花期4—5月,果期7—9月。

生境与分布 见于全市各地;生于山地湿润的森林中。

主要用途 庭院观赏价值高;叶具清热解毒之功效。

025　光皮桦

学名　*Betula luminifera* H. Winkl.
科名　桦木科 Betulaceae

形态特征　落叶乔木。树皮坚密，平滑；老枝红褐色，有蜡质白粉；小枝黄褐色。叶顶端骤尖或呈细尾状，基部圆形，边缘具不规则的刺毛状重锯齿。雄花序 2~5 枚簇生于小枝顶端。果序长圆柱形；果序梗下垂，密被短柔毛及树脂腺体。小坚果倒卵形，膜质翅宽为果的 1~2 倍。花期 3 月，果期 8 月。

生境与分布　见于全市各地；生于阳坡杂木林内。

主要用途　木材质地良好，供制各种器具；树皮、叶、芽可提取芳香油和树脂。

026 桤木

学名 *Alnus cremastogyne* Burk.
科名 桦木科 Betulaceae

形态特征 落叶乔木。树皮灰色,平滑;老枝灰色或灰褐色,无毛;小枝褐色,无毛或幼时被淡褐色短柔毛。叶顶端骤尖或锐尖,基部楔形或微圆,边缘具几不明显而稀疏的钝齿,上面疏生腺点;叶柄无毛。雄花序单生。果序单生于叶腋,矩圆形;果序梗细瘦,柔软,下垂;果苞木质,顶端具5枚浅裂片。小坚果卵形。

生境与分布 全市各地有栽培;生于山坡或岸边的林中。

主要用途 行道树;木材较松,宜作薪炭及燃料,亦可作镜框或箱子等用具材。

027 板栗

学名 *Castanea mollissima* Bl.
科名 壳斗科 Fagaceae

形态特征 落叶乔木,高达20m。树皮灰褐色,不规则深纵裂。叶椭圆形至长圆形,顶部短至渐尖,基部近截平或圆,新生叶的基部常狭楔尖且两侧对称。花3~5朵聚生成簇,雌花1~3(~5)朵发育结实。成熟壳斗的锐刺有长有短,有疏有密,密时全遮蔽壳斗外壁,疏时则外壁可见;坚果。花期4—6月,果期8—10月。

生境与分布 全市各地有栽培。

主要用途 果实富含淀粉;著名干果;树干纹理直,结构粗,坚硬,耐水湿,材质优良。

028　甜槠

学名　*Castanopsis eyrei*（Champ. ex Benth.）Tutch.
科名　壳斗科 Fagaceae

形态特征　常绿乔木，高达20m。大树的树皮纵深裂，块状剥落；枝、叶均无毛。叶革质，卵形，顶部长渐尖，常向一侧弯斜，基部一侧较短或甚偏斜。雄花序穗状或圆锥花序；雌花的花柱3或2枚。壳斗有1枚坚果，阔卵形，顶狭尖或钝，壳斗顶部的刺密集而较短，完全遮蔽壳斗外壁；坚果阔圆锥形，顶部锥尖，果脐位于坚果的底部。花期4—6月，果期翌年9—11月。

生境与分布　见于全市各地；生于常绿阔叶林或针阔叶混交林中。

主要用途　木材淡棕黄色或黄白色，环孔材，材质经久耐用；种子可生食。

029 栲树

学名 *Castanopsis fargesii* Franch.
科名 壳斗科 Fagaceae

形态特征 常绿乔木,高可达30m。树皮浅纵裂。叶长椭圆形或披针形,顶部短尖或渐尖,基部近圆形或宽楔形,嫩叶为红褐色,成长叶为黄棕色。雄花穗状或圆锥花序,花单朵密生于花序轴上;雌花序轴通常无毛,亦无蜡鳞,雌花单朵散生于长可达30cm的花序轴上。壳斗通常圆球形或宽卵形;坚果圆锥形,高略大于宽,果脐在坚果底部。花期4—5月,果期9—10月。

生境与分布 见于李家、大同、航头、寿昌、大慈岩、更楼等;生于坡地或山脊杂木林中。

主要用途 果可生食;木材淡棕黄色至黄白色,材质尚可,供家具、建筑等用;可供观赏。

030　乌楣槠

学名　*Castanopsis jucunda* Hance
科名　壳斗科 Fagaceae

形态特征　常绿乔木，高达25m。树皮灰黑色，块状脱落。叶纸质或近革质，顶部短或渐尖，基部近圆形或阔楔形，常一侧略短且偏斜。雄花序穗状或圆锥花序。果序轴较其着生的小枝纤细。壳斗近圆球形，基部无柄，刺及壳斗外壁被灰棕色片状蜡鳞及微柔毛，幼嫩时最明显；坚果阔圆锥形，无毛，果脐位于坚果底部。花期4—5月，果期9—10月。

生境与分布　见于西部山区；生于山坡疏或密林中。

主要用途　木材淡棕黄色，纹理直，密致，材质优良。

031　苦槠

学名　*Castanopsis sclerophylla*（Lindl. et Paxt.）Schott
科名　壳斗科 Fagaceae

形态特征　常绿乔木,高可达 15m。树皮浅纵裂,片状剥落。叶片革质,长椭圆形,顶部渐尖或骤狭急尖,短尾状,基部近圆形或宽楔形。花序轴无毛。壳斗有坚果 1 个,圆球形或半圆球形,全包或包着坚果的大部分;坚果近圆球形,顶部短尖,果脐位于坚果的底部,子叶平突,有涩味。花期 4—5 月,果期 10—11 月。

生境与分布　见于全市各地;生于丘陵、山坡疏或密林中,喜阳光,耐旱。

主要用途　种仁(子叶)是制粉条和豆腐的原料,制成的豆腐称为苦槠豆腐;环孔材,仅具细木射线,木材淡棕黄色,较密致,坚韧,富于弹性。

032　石栎

学名　*Lithocarpus glaber*（Thunb.）Nakai
科名　壳斗科 Fagaceae

形态特征　常绿乔木,高达20m。小枝密被灰黄色短茸毛。叶革质或厚纸质,椭圆形或长椭圆形,顶部突急尖,基部楔形。雄穗状花序多排成圆锥花序或单穗腋生;雌花序常着生少数雄花,雌花每3朵1簇。果序轴通常被短柔毛;壳斗碟状或浅碗状,通常呈上宽下窄的倒三角形;坚果椭圆形,顶端尖,有淡薄的白色粉霜,暗栗褐色。花期9—10月,果期翌年9—11月。

生境与分布　全市各地有分布;生于山坡杂木林中,阳坡较常见。

主要用途　材质坚重,结构略粗,纹理直,适作家具、农具等;可供观赏。

033 麻栎

学名 *Quercus acutissima* Carr.
科名 壳斗科 Fagaceae

形态特征 落叶乔木，高达30m。树皮深灰褐色，深纵裂。幼枝被灰黄色柔毛，后渐脱落，老时灰黄色。冬芽圆锥形，被柔毛。叶片长椭圆状披针形，顶端长渐尖，基部圆形或宽楔形，叶缘有刺芒状锯齿。雄花序常数个集生于当年生枝下部叶腋，有花1~3朵，花柱壳斗杯形，包着坚果约1/2；小苞片钻形或扁条形，向外反曲，被灰白色茸毛。坚果卵形或椭圆形，顶端圆形，果脐突起。花期3—4月，果期翌年9—10月。

生境与分布 见于全市各地；生于山地阳坡，成小片纯林或混交林。

主要用途 木材材质坚硬、纹理直，作枕木、桥梁、地板等用材；叶可饲柞蚕；种子含淀粉，可作饲料和工业用淀粉；壳斗、树皮可提取栲胶。

034　白栎

学名　*Quercus fabri* Hance
科名　壳斗科 Fagaceae

形态特征　落叶乔木,高可达20m。树皮灰褐色,深纵裂。小枝密生灰色至灰褐色茸毛。叶片倒卵形,顶端钝或短渐尖,基部楔形或窄圆形。雄花序轴被茸毛,雌花序生2~4朵花;壳斗杯形,包着坚果约1/3。坚果长椭圆形或卵状长椭圆形,无毛,果脐突起。花期4月,果期10月。

生境与分布　见于全市各地;生于丘陵、山地杂木林中。

主要用途　木材有光泽,常作地板用材,果实富含淀粉,可酿酒或制豆腐、粉丝等,亦可入药。

035 短柄枹栎

学名 *Quercus serrata* Murray var. *brevipetiolata*（A. DC.）
科名 壳斗科 Fagaceae

形态特征 落叶乔木。树皮灰褐色,深纵裂。叶片薄革质,常聚生于枝顶,长椭圆状倒卵形或卵状披针形;顶端渐尖或急尖,基部楔形或近圆形;叶缘具内弯浅锯齿,齿端具腺。壳斗杯状,包着坚果。坚果卵形至卵圆形,果脐平坦。花期3—4月,果期9—10月。

生境与分布 见于全市各地;生于各种生境中。
主要用途 可作建材。

036　乌冈栎

学名　*Quercus phillyreoides* A. Gray
科名　壳斗科 Fagaceae

形态特征　常绿灌木至多枝小乔木,高4~7m。幼枝有灰色星状短茸毛,不久变无毛。叶卵形、倒卵形至长椭圆状倒卵形,长2.5~6cm,宽1.5~3cm,先端钝圆、急尖至短渐尖,基部浅心形至圆形,基部以上有小锯齿,老时两面无毛或仅在下面中脉基部有茸毛,侧脉纤细;叶柄长3~5mm,粗,被茸毛。壳斗杯形,包围坚果1/3~1/2,直径1~1.2cm,高约8mm,内面有灰色丝质茸毛;苞片宽卵形,顶端收狭为一钝尖,除钝尖外皆有灰色细茸毛。坚果2年成熟,卵状椭圆形至长椭圆形,直径0.8~1cm,长1.3~2cm;果脐隆起。花期3—4月,果期9—10月。

生境与分布　见于西部山区;生于密林中或山坡岩石裸露处。

主要用途　木材坚硬,可烧制优质木炭;种子可酿酒;壳斗和树皮含鞣质,可制栲胶。

037　青冈

学名　*Cyclobalanopsis glauca*（Thunb.）Oerst.

科名　壳斗科 Fagaceae

形态特征　常绿乔木，高达 20m。小枝无毛。叶片革质，倒卵状椭圆形或长椭圆形，顶端渐尖或短尾状，基部圆形或宽楔形，叶面无毛。雄花花序轴被苍白色茸毛。果序着生果 2~3 个。壳斗碗形，包着坚果 1/3~1/2，被薄毛。坚果卵形、长卵形或椭圆形，无毛或被薄毛，果脐平坦或微突起。花期 4—5 月，果期 10 月。

生境与分布　见于全市各地；生于山坡或沟谷，组成常绿阔叶林或常绿阔叶与落叶阔叶混交林。

主要用途　木材坚韧，可供桩柱、车船、工具柄等用材；种子可作饲料、酿酒；树皮、壳斗含鞣质，可制栲胶。

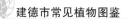
038　杭州榆

学名　*Ulmus changii* Cheng
科名　榆科 Ulmaceae

形态特征　落叶乔木,高达20m。树皮暗灰色,平滑或后期自树干下部向上细纵裂,微粗糙;幼枝被密毛。叶卵形或卵状椭圆形,先端渐尖或短尖,基部偏斜,圆楔形、圆形或心形,边缘常具单锯齿。花自花芽抽出,在二年生枝上排成簇状聚伞花序。翅果长圆形或椭圆状长圆形,全被短毛,果核部分位于翅果的中部,果梗密生短毛。花果期3—4月。

生境与分布　见于全市各地;生于山坡、谷地及溪旁之阔叶林中。

主要用途　木材坚实耐用,可作家具、器具、地板、车辆及建筑等。

039 榔榆

学名 *Ulmus parvifolia* Jacq.

科名 榆科 Ulmaceae

形态特征 落叶乔木,高达25m。树冠广圆形;树干基部有时成板状根;树皮灰色或灰褐,裂成不规则鳞状薄片剥落,露出红褐色内皮;当年生枝密被短柔毛,深褐色。叶质地厚,披针状卵形,先端尖,基部偏斜,叶面深绿色,有光泽。花被上部杯状,下部管状。翅果椭圆形,果翅稍厚,果核部分位于翅果的中上部。花果期8—10月。

生境与分布 见于全市各地;生于平原、丘陵、山坡及谷地。

主要用途 材质坚韧、纹理直,耐水湿,可作家具、车辆、造船、器具、农具等用材;树皮纤维可作蜡纸及人造棉原料。

040　白榆

学名　*Ulmus pumila* Linn.
科名　榆科 Ulmaceae

形态特征　落叶乔木,高达25m。幼树树皮平滑,灰褐色;大树之皮暗灰色,不规则深纵裂,粗糙;小枝无毛,淡黄灰色,无膨大的木栓层及突起的木栓翅。叶椭圆状卵形,先端渐尖,基部偏斜或近对称,一侧楔形至圆,另一侧圆至半心形。花先叶开放,在去年生枝的叶腋呈簇生状。翅果近圆形,果核部分位于翅果的中部。花果期3—6月。

生境与分布　全市各地有栽培。

主要用途　木材作家具、农具等用;树皮、叶及翅果均可药用。

041 大叶榉树

学名 *Zelkova schneideriana* Hand.-Mazz.

科名 榆科 Ulmaceae

形态特征 乔木,高达35m。树皮灰褐色至深灰色,呈不规则的片状剥落。叶厚纸质,卵形至椭圆状披针形,先端渐尖、尾状渐尖,基部稍偏斜,圆形、宽楔形。雄花1~3朵簇生于叶腋,雌花或两性花常单生于小枝上部叶腋。核果。花期4月,果期9—11月。

生境与分布 全市各地有栽培。

主要用途 木材供各种建筑用。

042 紫弹树

学名 *Celtis biondii* Pamp.
科名 榆科 Ulmaceae

形态特征 落叶乔木,高达18m。树皮暗灰色;当年生小枝幼时黄褐色,密被短柔毛。叶宽卵形、卵形至卵状椭圆形,基部钝至近圆形,稍偏斜,先端渐尖至尾状渐尖,薄革质,边稍反卷。果序单生于叶腋,通常具2枚果;果幼时被疏或密的柔毛,后毛逐渐脱净,黄色至橘红色,近球形,核两侧稍压扁,侧面观近圆形,表面具明显的网孔状。花期4—5月,果期9—10月。

生境与分布 见于全市各地;多生于山地灌丛或杂木林中。

主要用途 用作行道树。

043　黑弹树

学名　*Celtis bungeana* Bl.

科名　榆科 Ulmaceae

形态特征　落叶乔木,高达10m。树皮灰色或暗灰色;当年生小枝淡棕色,无毛,散生椭圆形皮孔;去年生小枝灰褐色。叶厚纸质,狭卵形,基部宽楔形至近圆形,先端尖至渐尖,中部以上疏具不规则浅齿,无毛。果单生于叶腋,果柄较细软,无毛,果成熟时蓝黑色,近球形;核近球形,肋不明显,表面近平滑。花期4—5月,果期10—11月。

生境与分布　见于航头;生于路旁、山坡、灌丛或林边。

主要用途　绿化的良好树种,果实榨油作润滑油;树皮、根皮入药。

044　珊瑚朴

学名　*Celtis julianae* Schneid.
科名　榆科 Ulmaceae

形态特征　落叶乔木,高达30m。树皮淡灰色。叶厚纸质,宽卵形至尖卵状椭圆形,基部近圆形,一侧圆形,一侧宽楔形,先端具突然收缩的短渐尖,叶面粗糙,叶背密生短柔毛;萌芽枝上的叶面具短糙毛。果单生于叶腋,果梗粗壮,果椭圆形至近球形,金黄色至橙黄色;核乳白色,倒卵形至倒宽卵形,上部有2条较明显的肋,基部尖,表面略有网孔状凹陷。花期3—4月,果期9—10月。

生境与分布　见于全市各地;生于山坡、山谷林中或林缘。

主要用途　木材纹理直、材质重,可作家具、农具、建筑用材。

045　朴树

学名　*Celtis sinensis* Pers.

科名　榆科 Ulmaceae

形态特征　落叶乔木,高达20m。树皮平滑,灰色;一年生枝被密毛。叶互生,革质,宽卵形至狭卵形,先端急尖至渐尖,基部圆形或阔楔形,偏斜,三出脉。花杂性,1~3朵生于当年生枝的叶腋;花被片4枚。核果单生或2个并生,近球形,熟时红褐色。花期4—5月,果期9—11月。

生境与分布　见于全市各地;生于路旁、山坡、林缘处。

主要用途　行道树,对二氧化硫、氯气等有毒气体的抗性强。

046　山油麻

学名　*Trema cannabina* Lour. var. *dielsiana*（Hand.–Mazz.）C. J. Chen
科名　榆科 Ulmaceae

形态特征　灌木。小枝紫红色，后渐变棕色，密被斜伸的粗毛。叶薄纸质；叶面被糙毛，粗糙，叶背密被柔毛，在脉上有粗毛；叶柄被伸展的粗毛。雄聚伞花序长过叶柄；雄花被片卵形，外面被细糙毛和多少明显的紫色斑点。花期4—5月，果期8—9月。

生境与分布　见于全市各地；生于向阳山坡灌丛中。

主要用途　韧皮纤维供制麻绳、纺织和造纸；种子油供制皂和作润滑油用。

047 桑

学名 *Morus alba* Linn.
科名 壳桑科 Moraceae

形态特征 乔木或灌木,高可达10m。树皮厚,灰色,具不规则浅纵裂;小枝有细毛。叶卵形,先端急尖、渐尖或圆钝,基部圆形至浅心形,脉腋有簇毛。花单性,腋生,与叶同时生出;雄花序下垂,密被白色柔毛;雌花序被毛,雌花无梗;花被片倒卵形,顶端圆钝,无花柱。聚花果卵状椭圆形,成熟时红色或暗紫色。花期4—5月,果期5—8月。

生境与分布 全市各地有栽培。

主要用途 叶为养蚕的主要饲料;嫩叶可食用;树皮可作纺织原料、造纸原料;桑葚可以鲜食、酿酒。

048　藤葡蟠

学名　*Broussonetia kaempferi* Sieb. var. *australis* Suzuki
科名　桑科 Moraceae

形态特征　蔓生藤状灌木。树皮黑褐色;小枝幼时被浅褐色柔毛。叶互生,螺旋状排列,近对称的卵状椭圆形,先端渐尖至尾尖,基部心形或截形。雌雄异株;雄花序短穗状;雌花集生为球形头状花序。聚花果,花柱线形。花期4—6月,果期5—7月。

生境与分布　见于全市各地;生于山谷灌丛中或沟边山坡路旁。

主要用途　韧皮纤维为造纸的优良原料。

049 小构树

学名 *Broussonetia kaempferi* Sieb.

科名 桑科 Moraceae

形态特征 灌木,高可达3m。小枝无毛;当年生枝近四棱形。枝上部叶常对生,革质,缺刻叶,倒披针形至长圆形,先端具短尖,基部楔形至宽楔形。总状花序单生,顶生或腋生;花黄色;花萼裂片长圆形,先端钝,边缘波状。果小,圆柱形,基部狭,外包以宿存花萼。花期夏秋,果期秋冬。

生境与分布 见于全市各地;生于山坡灌丛中或次生杂木林中。

主要用途 树皮纤维细长,是优质的造纸原料。

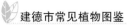

050 构树

学名 *Broussonetia papyrifera*（L.）L'Hér. ex Vent.
科名 桑科 Moraceae

形态特征 落叶乔木,高可达20m。小枝密生柔毛;树皮平滑;全株含乳汁。叶螺旋状排列,广卵形至长椭圆状卵形,先端渐尖,基部心形,两侧常不相等。花雌雄异株;雄花序为柔荑花序;雌花序球形头状。聚花果成熟时橙红色,肉质;瘦果表面有小瘤,外果皮壳质。花期4—5月,果期6—7月。

生境与分布 见于全市各地;常生于村庄附近的荒地、田园及沟旁。

主要用途 行道树种。

051 葨芝

学名 *Maclura cochinchinensis*（Lour.）Kudo et Masam.
科名 桑科 Moraceae

形态特征 直立或攀援状灌木。枝无毛，具粗壮、弯曲、无叶的腋生刺。叶革质，椭圆状披针形或长圆形，全缘，先端钝或短渐尖，基部楔形。花雌雄异株，雌、雄花序均为具苞片的球形头状花序；雄花序花被片4；雌花序花被片顶部厚，分离，基部有2个黄色腺体。聚合果肉质，表面微被毛，成熟时橙红色；核果卵圆形，成熟时褐色，光滑。花期4—5月，果期6—7月。

生境与分布 见于全市各地；生于村庄附近或荒野。

主要用途 常作绿篱用；木材煮汁可作染料；茎皮及根皮供药用。

052 柘树

学名　*Cudrania tricuspidata*（Carr.）Bur.
科名　桑科 Moraceae

形态特征　落叶灌木或小乔木,高可达7m。树皮灰褐色;小枝有棘刺。叶卵形或菱状卵形,先端渐尖,基部楔形至圆形。雌雄异株,雌、雄花序均为球形头状花序,单生或成对腋生;雄花有苞片2枚,附着于花被片上,花被片4枚,肉质,先端肥厚。聚花果近球形,肉质,成熟时橘红色。花期5—6月,果期6—7月。

生境与分布　见于全市各地;生于阳光充足的山地或林缘。

主要用途　果可生食或酿酒;嫩叶可以养幼蚕。

053 薜荔

学名 *Ficus pumila* Linn.
科名 桑科 Moraceae

形态特征 攀援或匍匐灌木。叶二型：不结果枝节上生不定根，叶卵状心形，薄革质，尖端渐尖；结果枝上无不定根，叶革质，卵状椭圆形，先端急尖至钝形。榕果单生于叶腋；雌花果近球形，顶部截平，略具短钝头或为脐状突起；瘦果近球形，有黏液。花果期5—8月。

生境与分布 见于全市各地；多攀附在村庄前后、公路两侧的古树、断墙残壁、古石桥、庭院围墙等。

主要用途 瘦果水洗可作凉粉；藤、叶供药用。

054　大叶苎麻

学名　*Boehmeria longispica* Steud.
科名　荨麻科 Urticaceae

形态特征　亚灌木或多年生草本,高可达1.5m。茎上部通常有较密的开展或贴伏的糙毛。叶对生;叶片纸质,近圆形,顶端骤尖,基部宽楔形或截形,上面粗糙。穗状花序单生于叶腋,雌雄异株;雄花花被片4,椭圆形;雌花花被片倒卵状纺锤形,上部密被糙毛,果期呈菱状倒卵形。瘦果倒卵球形,光滑。花期6月,果期9月。

生境与分布　见于寿昌、梅城、乾潭等;生于丘陵或低山山地灌丛、疏林、田边、溪边。

主要用途　茎皮纤维可代麻,供纺织麻布用;叶供药用,可清热解毒、消肿、治疥疮。

055 悬铃木叶苎麻

学名 *Boehmeria platanifolia*（Hance）Makino

科名 荨麻科 Urticaceae

形态特征 多年生草本。茎高可达1.5m,密生短糙毛。叶对生;叶片坚纸质,近圆形或宽卵形,先端骤尖,基部宽楔形或截形,边缘生粗牙齿,上部的牙齿为重出,上面粗糙,两面均生糙毛。雌花序长达15cm。瘦果狭倒卵形或狭椭圆形,生短硬毛。

生境与分布 见于全市各地;生于山地、沟边、林边。

主要用途 具祛风除湿之功效。

056 紫麻

学名　*Oreocnide frutescens*（Thunb.）Miq.

科名　荨麻科 Urticaceae

形态特征　灌木,高达3m。小枝褐紫色或淡褐色。叶生于枝的上部,草质,卵形、狭卵形,先端渐尖或尾状渐尖,基部圆形。花序生于去年生枝和老枝上,几无梗,呈簇生状。瘦果卵球状;宿存花被变深褐色,外面疏生微毛;内果皮稍骨质,表面有多数细洼点;肉质花托浅盘状,围以果的基部,熟时则增大成壳斗状,包围着果的大部分。花期3—5月,果期6—10月。

生境与分布　见于全市各地;生于山谷、林缘半阴湿处或石缝。

主要用途　茎皮纤维细长、坚韧,可供制绳索和人造棉;根、茎、叶入药,行气活血。

057　青皮木

学名　*Schoepfia jasminodora* Sieb. et Zucc.
科名　铁青树科 Olacaceae

形态特征　落叶小乔木,高可达 15m。树皮灰褐色;具短枝;新枝自去年生短枝上抽出,嫩时红色;老枝灰褐色;小枝干后栗褐色。叶纸质,卵形或长卵形,顶端近尾状或长尖,基部圆形。花无梗,3~9 朵排成穗状花序状的螺旋状聚伞花序。果椭圆状,基部为略膨大的"基座"所承托。花、叶同放。花期 3—5 月,果期 4—6 月。

生境与分布　见于全市各地;生于山谷、沟边、山坡、路旁的密林或疏林中。

主要用途　全株供药用,具有清热利湿、活血镇痛之功效。

058　野荞麦

学名　*Fagopyrum dibotrys*（D. Don）Hara
科名　蓼科 Polygonaceae
别名　野荞麦

形态特征　多年生草本。根状茎木质化,黑褐色。地上茎直立,高可达1m,分枝,具纵棱,无毛。叶三角形,顶端渐尖,基部近戟形。伞房状花序,顶生或腋生;苞片卵状披针形,顶端尖,边缘膜质;花被5深裂,白色,花被片长椭圆形。瘦果宽卵形,具3锐棱,黑褐色。花期7—9月,果期8—10月。

生境与分布　见于全市各地;生于山谷湿地、山坡灌丛。

主要用途　国家二级重点保护野生植物;块根供药用,清热解毒、排脓去瘀。

059　单叶铁线莲

学名　*Clematis henryi* Oliv.

科名　毛茛科 Ranunculaceae

形态特征　木质藤本。主根下部膨大成瘤状,表面淡褐色,内部白色。单叶;叶片卵状披针形,顶端渐尖,基部浅心形。聚伞花序腋生,花序梗细瘦;花钟状;萼片4枚,较肥厚,白色,卵圆形,顶端钝尖,外面疏生紧贴茸毛,边缘具白色茸毛。瘦果狭卵形,被短柔毛。花期11—12月,果期翌年3—4月。

生境与分布　见于全市各地;生于溪边、山谷、阴湿的坡地、林下及灌丛中,缠绕于树上。

主要用途　根性微温、味甘辛,能镇咳、祛痰、定喘、消炎。

060 木通

学名 *Akebia quinata*（Thunb.）Decne.

科名 木通科 Lardizabalaceae

形态特征 落叶木质藤本。茎纤细,圆柱形,缠绕,茎皮灰褐色,有圆形、小而突起的皮孔。掌状复叶互生或在短枝上的簇生,通常有小叶5片;小叶纸质,倒卵形,先端圆或凹入,具小突尖,基部圆或阔楔形;小叶柄纤细。伞房花序式的总状花序腋生,花略芳香。果孪生或单生,长圆形或椭圆形,成熟时紫色,腹缝开裂。种子多数,卵状长圆形,着生于白色、多汁的果肉中。花期4—5月,果期6—8月。

生境与分布 见于全市各地;生于山地灌木丛、林缘和沟谷中。

主要用途 果味甜,可食;茎、根和果实供药用,利尿、通乳、消炎。

061　鹰爪枫

学名　*Holboellia coriacea* Diels
科名　木通科 Lardizabalaceae

形态特征　常绿木质藤本。茎皮褐色。掌状复叶有小叶3片；小叶厚革质，椭圆形或卵状椭圆形，先端渐尖或微凹而有小尖头，基部圆或楔形。花雌雄同株，白绿色或紫色，组成短的伞房式总状花序。果长圆状柱形，熟时紫色，干后黑色，外面密布小疣点。种子椭圆形，略扁平，种皮黑色，有光泽。花期4—5月，果期6—8月。

生境与分布　见于全市各地；生于山地杂木林或路旁灌丛中。

主要用途　果可生食；根和茎皮供药用，治关节炎及风湿痹痛。

062　南天竹

学名　*Nandina domestica* Thunb.
科名　小檗科 Berberidaceae

形态特征　常绿小灌木。茎常丛生而少分枝,光滑无毛;幼枝常为红色,老后呈灰色。叶互生,集生于茎的上部,三回羽状复叶;小叶薄革质,椭圆形,顶端渐尖,基部楔形,全缘。圆锥花序直立;花小,白色,具芳香;花瓣长圆形,先端圆钝。浆果球形,熟时鲜红色,稀橙红色。种子扁圆形。花期3—6月,果期5—11月。

生境与分布　见于全市各地;生于山地林下沟旁、路边或灌丛中。

主要用途　优良观赏植物;根、叶具有强筋活络、消炎解毒之效;果为镇咳药。

063 金线吊乌龟

学名 *Stephania cephalantha* Hayata ex Yamamoto
科名 防己科 Menispermaceae

形态特征 草质、落叶、无毛藤本。块根团块状或近圆锥状，有时不规则，褐色，生有许多突起的皮孔；小枝紫红色，纤细。叶纸质，三角状扁圆形，顶端具小突尖，基部圆或近截平。雌、雄花序同形，均为头状花序，具盘状花托；花瓣2，肉质，比萼片小。核果阔倒卵圆形，成熟时红色。花期4—5月，果期6—7月。

生境与分布 见于全市各地；生于村边、旷野、林缘、石缝或石砾中。

主要用途 块根味苦性寒，清热解毒、消肿镇痛。

064 蝙蝠葛

学名 *Menispermum dauricum* DC.
科名 防己科 Menispermaceae

形态特征 草质、落叶藤本。根状茎褐色,垂直生。叶纸质,通常为心状扁圆形,基部心形至近截平,两面无毛,下面有白粉。圆锥花序单生,有细长的花序梗;雄花萼片膜质,绿黄色;花瓣6~8片,肉质,凹成兜状,有短爪。核果紫黑色。花期6—7月,果期8—9月。

生境与分布 见于全市各地;生于路边灌丛或疏林中。

主要用途 可作垂直绿化植物。

065　望春玉兰

学名　*Magnolia biondii* Pamp.
科名　木兰科 Magnoliaceae

形态特征　落叶乔木,高可达12m。树皮淡灰色,光滑;小枝细长,灰绿色,无毛。叶椭圆状披针形,先端急尖,基部阔楔形。花先叶开放;花被9片,外轮3片紫红色,近狭倒卵状条形,中、内2轮近匙形,白色,外面基部常紫红色,内轮的较狭小。聚合果圆柱形,常因部分不育而扭曲;蓇葖果浅褐色,近圆形,侧扁,具突起瘤点。种子心形。花期3月,果期9月。

生境与分布　全市各地有栽培。

主要用途　优良的庭院绿化树种。

066 玉兰

学名 *Magnolia denudata* Desr.

科名 木兰科 Magnoliaceae

形态特征 落叶乔木,高达25m。枝广展,形成宽阔的树冠;树皮深灰色,粗糙开裂;小枝稍粗壮,灰褐色。叶纸质,倒卵形。花蕾卵圆形,花先叶开放,直立,芳香;花梗显著膨大,密被淡黄色长绢毛;花被片9片,白色,基部常带粉红色,长圆状倒卵形。聚合果圆柱形;蓇葖厚木质,褐色,具白色皮孔。种子心形,侧扁,外种皮红色,内种皮黑色。花期2—3月,果期8—9月。

生境与分布 见于全市各地;生于林中,各地有广泛栽培。

主要用途 庭院观赏树种;材质优良、纹理直、结构细,作家具、图板、细木工等用。

067 凹叶厚朴

学名 *Magnolia officinalis* var. *biloba* Rehder & E. H. Wilson

科名 木兰科 Magnoliaceae

形态特征 落叶乔木,高达20m。树皮厚,褐色,不开裂;叶大,近革质,7~9片聚生于枝端,长圆状倒卵形,先端凹缺,成2片钝圆的浅裂片,基部楔形。花白色,芳香;花被片厚肉质,外轮3片淡绿色,长圆状倒卵形,盛开时常向外反卷,内2轮白色,倒卵状匙形;雌蕊群椭圆状卵圆形。聚合果长圆状卵圆形。种子三角状倒卵形。花期4—5月,果期10月。

生境与分布 全市各地有栽培。

主要用途 国家二级重点保护野生植物;作绿化观赏树种;树皮为著名中药材。

068 乐昌含笑

学名 *Michelia chapensis* Dandy
科名 木兰科 Magnoliaceae

形态特征 常绿乔木,高可达30m。树皮灰色至深褐色;小枝无毛。叶薄革质,倒卵形,先端骤狭短渐尖,基部楔形。花被片淡黄色,6片,芳香,2轮,外轮倒卵状椭圆形,内轮较狭。聚合果;菁葖长圆体形或卵圆形,顶端具短细弯尖头,基部宽。种子红色,卵形或长圆状卵圆形。花期3—4月,果期8—9月。

生境与分布 全市各地有栽培。

主要用途 庭院观赏树种。

069 含笑

学名 *Michelia figo*（Lour.）Spreng.

科名 木兰科 Magnoliaceae

形态特征 常绿灌木,高2~3m。树皮灰褐色;分枝繁密;芽、嫩枝、叶柄、花梗均密被黄褐色茸毛。叶革质,狭椭圆形或倒卵状椭圆形,先端钝短尖,基部楔形或阔楔形。花直立,淡黄色而边缘有时红色或紫色,具甜浓的芳香;花被片6,肉质,较肥厚,长椭圆形。聚合果;蓇葖卵圆形或球形,顶端有短尖的喙。花期3—5月,果期7—8月。

生境与分布 全市各地有栽培。

主要用途 除供观赏外,花有水果甜香,花瓣可拌入茶叶制成花茶。

070　深山含笑

学名　*Michelia maudiae* Dunn
科名　木兰科 Magnoliaceae

形态特征　乔木,高达20m。各部均无毛;树皮薄,浅灰色或灰褐色;芽、嫩枝、叶下面、苞片均被白粉。叶革质,长圆状椭圆形,很少卵状椭圆形,先端骤狭短渐尖,基部楔形,上面深绿色。佛焰苞状苞片淡褐色,薄革质;花芳香,花被片9片,纯白色,基部稍呈淡红色,外轮的倒卵形,顶端具短急尖,内2轮则渐狭小。聚合果;蓇葖长圆体形,顶端圆钝或具短突尖头。种子红色,斜卵圆形。花期2—3月,果期9—10月。

生境与分布　全市各地有栽培。

主要用途　庭院观赏树种;可提取芳香油;供药用;木材纹理直,易加工,作家具、细木工用材。

071 南五味子

学名 *Kadsura longipedunculata* Finet et Gagnep.

科名 木兰科 Magnoliaceae

形态特征 藤本。各部无毛。叶长圆状披针形,先端渐尖,基部狭楔形。花单生于叶腋,雌雄异株;雄花花被片白色或淡黄色。聚合果球形;小浆果倒卵圆形,外果皮薄革质,干时显出种子。种子肾形或肾状椭圆体形。花期6—9月,果期9—12月。

生境与分布 见于全市各地;生于山坡、林中。

主要用途 果实可食用;种子为滋补强壮剂和镇咳药;茎、叶、果实可提取芳香油;茎皮可作绳索。

072　鹅掌楸

学名　*Liriodendron chinense*（Hemsl.）Sarg.
科名　木兰科 Magnoliaceae

形态特征　落叶乔木,高达40m。小枝灰色或灰褐色。叶马褂状,近基部每边具1侧裂片,先端具2浅裂,下面苍白色。花杯状;花被片9片,外轮3片绿色,萼片状,向外弯垂,内2轮6片,直立,花瓣状,倒卵形,绿色,具黄色纵条纹。聚合果,具翅的小坚果顶端钝或钝尖,具种子1~2颗。花期5月,果期9—10月。

生境与分布　新安江林场、建德林场有栽培。

主要用途　国家二级重点保护野生植物;树干挺直,叶形奇特,为珍贵树种;优良用材。

073 披针叶茴香

学名 *Illicium lanceolatum* A. C. Smith
科名 木兰科 Magnoliaceae

形态特征 灌木或小乔木,高可达10m。枝条纤细;树皮浅灰色至灰褐色。叶互生或稀疏地簇生于小枝近顶端或排成假轮生,革质,披针形,先端尾尖。花腋生或近顶生,单生或2~3朵,红色。果梗纤细;蓇葖10~14枚轮状排列,单个蓇葖向后弯曲成钩状尖头。花期4—6月,果期8—10月。

生境与分布 见于西部山区;生于阴湿峡谷和溪流沿岸。

主要用途 果和叶有强烈香气,为高级香料的原料。

074　浙江樟

学名　*Cinnamomum chekiangense* Nakai
科名　樟科 Lauraceae

形态特征　常绿乔木,高可达16m。树冠卵状圆锥形;树皮淡灰褐色,光滑不裂,有芳香及辛辣味;小枝无毛。叶互生或近对生,长椭圆状广披针形,离基三出脉近于平行,并在表面隆起,背面有白粉及细毛。果卵球形或近球形,蓝黑色。花期5月,果期10—11月。

生境与分布　见于全市各地;生于阴湿的山谷杂木林中。

主要用途　庭院绿化树种。

075 香樟

学名　*Cinnamomum camphora*（Linn.）Presl
科名　樟科 Lauraceae

形态特征　常绿乔木,高可达30m。枝、叶及木材均有樟脑气味;树皮不规则纵裂。叶互生,卵状椭圆形,先端急尖,基部宽楔形。圆锥花序腋生;花绿白色或带黄色;花被裂片椭圆形。果卵球形或近球形,紫黑色;果托杯状,顶端截平,具纵向沟纹。花期4—5月,果期8—11月。

生境与分布　见于全市各地;常生于山坡或沟谷中。

主要用途　国家二级重点保护野生植物;庭院绿化树种。

076 薄叶润楠

学名 *Machilus leptophylla* Hand.-Mazz.
科名 樟科 Lauraceae

形态特征 乔木,高达30m。树皮灰褐色;枝粗壮,暗褐色,无毛。叶互生或在当年生枝上轮生,倒卵状长圆形,先端短渐尖,基部楔形,坚纸质。圆锥花序聚生于嫩枝的基部,柔弱,多花;花通常3朵生在一起,花序、分枝和花梗略具微细灰色柔毛。果球形。

生境与分布 见于全市各地;生于阴坡谷地混交林中。

主要用途 树皮可提树脂;种子可榨油。

077 红楠

学名 *Machilus thunbergii* Sieb. et Zucc.
科名 樟科 Lauraceae

形态特征 常绿乔木,高可达20m。枝条多伸展,紫褐色。叶互生;叶柄红色;叶片倒卵形至倒卵状披针形,先端短突尖或短渐尖,基部楔形,革质。圆锥花序顶生,具长梗;花两性。果扁球形,初时绿色,后变黑紫色;果梗鲜红色。花期2月,果期7月。

生境与分布 见于全市各地;生于山地针阔叶混交林中。

主要用途 庭院绿化树种;具有温中、理气和胃、舒筋活络、消肿镇痛之功效。

078　浙江楠

学名　*Phoebe chekiangensis* P. T. Li
科名　樟科 Lauraceae

形态特征　大乔木,高达20m。树皮淡褐黄色,薄片状脱落,具明显的褐色皮孔;小枝有棱,密被黄褐色或灰黑色柔毛或茸毛。叶革质,倒卵状椭圆形或倒卵状披针形,少为披针形,先端突渐尖或长渐尖,基部楔形或近圆形;叶柄密被黄褐色茸毛或柔毛。圆锥花序密被黄褐色茸毛。果椭圆状卵形,熟时外被白粉。种子两侧不等,多胚性。花期4—5月,果期9—10月。

生境与分布　见于全市各地;生于山地阔叶林中。

主要用途　国家二级重点保护野生植物;树干通直,材质坚硬,可作建筑、家具等用材;绿化观赏树种。

079　紫楠

学名　*Phoebe sheareri*（Hemsl.）Gamble
科名　樟科 Lauraceae

形态特征　大灌木至乔木，高可达15m。树皮灰白色；小枝、叶柄及花序密被黄褐色或灰黑色柔毛或茸毛。叶革质，倒卵形、椭圆状倒卵形或阔倒披针形，先端突渐尖或突尾状渐尖，基部渐狭。圆锥花序在顶端分枝；花被片近等大，卵形。果卵形，果梗增粗，被毛。种子单胚性，两侧对称。花期4—5月，果期9—10月。

生境与分布　见于全市各地；多生于山地阔叶林中。

主要用途　木材纹理直，作建筑、造船、家具等用材；绿化观赏树种。

080 檫木

学名　*Sassafras tzumu*（Hemsl.）Hemsl.
科名　樟科 Lauraceae

形态特征　落叶乔木,高可达35m。树皮幼时黄绿色,平滑,老时变灰褐色,呈不规则纵裂。顶芽大,椭圆形。枝具棱角,初时带红色。叶互生,聚集于枝顶,卵形或倒卵形,先端渐尖,基部楔形,坚纸质;叶柄纤细,鲜时常带红色。花序顶生,先叶开放,多花,具梗;花黄色,雌雄异株。果近球形,成熟时蓝黑色而带有白蜡粉,着生于浅杯状的果托上。花期3—4月,果期5—9月。

生境与分布　见于全市各地;常生于疏林或密林中。

主要用途　用于造船、水车及上等家具;根和树皮入药,具活血散瘀、祛风利湿的功效。

081 豹皮樟　　学名　*Litsea coreana* H. Lev. var. *sinens*（Allen）Yang et P. H. Huang

科名　樟科 Lauraceae

形态特征　常绿乔木,高可达15m。树皮灰色,呈小鳞片状剥落,脱落后呈豹皮斑痕。嫩枝密被灰黄色长柔毛;老枝黑褐色,无毛。叶互生,倒卵状椭圆形或倒卵状披针形,先端钝渐尖,基部楔形,革质。伞形花序腋生;苞片4,交互对生,近圆形;每一花序有花3~4朵;花被裂片6,卵形或椭圆形。果近球形。花期8—9月,果期翌年夏季。

生境与分布　见于全市各地;生于山谷杂木林中。

主要用途　观赏树种;具有生津止渴、清热解毒之功效。

082　山鸡椒

学名　*Litsea cubeba*（Lour.）Pers.
科名　樟科 Lauraceae

形态特征　落叶灌木或小乔木,高可达10m。幼树树皮黄绿色,光滑;老树树皮灰褐色。顶芽圆锥形,外面具柔毛。叶互生,披针形或长圆形,先端渐尖,基部楔形,纸质。伞形花序单生或簇生;每一花序有花4~6朵,先叶开放。果近球形,无毛,幼时绿色,成熟时黑色。花期2—3月,果期7—8月。

生境与分布　见于全市各地;生于向阳的山地、灌丛、疏林或林中路旁、水边。

主要用途　花、叶和果皮可提制柠檬醛的原料,供制医药制品和香精等用;核仁含油率61.8%,油供工业用;根、茎、叶和果实均可入药,有祛风散寒、消肿镇痛之效。

083 乌药

学名　*Lindera aggregata*（Sims）Kosterm.
科名　樟科 Lauraceae

形态特征　常绿灌木或小乔木，高可达5m。树皮灰褐色。根有纺锤状或结节状膨胀，有香味，微苦，有刺激性清凉感。幼枝青绿色，具纵向细条纹。顶芽长椭圆形。叶互生，卵形，椭圆形至近圆形，先端长渐尖或尾尖，基部圆形，革质或有时近革质。伞形花序腋生，常6~8花序集生于短枝上。果卵形。花期3—4月，果期5—11月。

生境与分布　见于全市各地；生于向阳坡地、山谷或疏林灌丛中。

主要用途　根药用，为散寒、理气、健胃药，果实、根、叶均可提芳香油。

084 黑壳楠

学名 *Lindera megaphylla* Hemsl.
科名 樟科 Lauraceae

形态特征 常绿乔木,高可达25m。树皮灰黑色。叶互生,倒披针形至倒卵状长圆形,先端急尖,基部渐狭,革质。伞形花序多花,通常着生于叶腋具顶芽的短枝上。果椭圆形至卵形,成熟时紫黑色,果梗散布有明显栓皮质皮孔;宿存果托杯状,略呈微波状。花期2—4月,果期9—12月。

生境与分布 见于西部山区;生于山坡、谷地湿润常绿阔叶林或灌丛中。

主要用途 可作各类建筑用材。

085　山橿

学名　*Lindera reflexa* Hemsl.
科名　樟科 Lauraceae

形态特征　落叶灌木或小乔木。树皮棕褐色,有纵裂及斑点。幼枝黄绿色,光滑。冬芽长角锥状,芽鳞红色。叶互生,卵形或倒卵状椭圆形,先端渐尖,基部圆或宽楔形,纸质。伞形花序于叶芽两侧各着生1枚;花被片黄色,椭圆形,近等长。果球形,熟时红色。花期4月,果期8月。

生境与分布　见于全市各地;生于山谷、山坡林下或灌丛中。

主要用途　根药用,可止血、消肿、镇痛,治胃气痛、疥癣、风疹、刀伤出血。

086　中国绣球

学名　*Hydrangea chinensis* Maxim.
科名　虎耳草科 Saxifragaceae

形态特征　灌木,高可达2m。一或二年生小枝红褐色或褐色。叶薄纸质至纸质,长圆形或狭椭圆形,先端渐尖或短渐尖,具尾状尖头或短尖头,基部楔形。伞状或伞房状聚伞花序顶生;花瓣黄色,椭圆形,先端略尖,基部具短爪。蒴果卵球形。种子淡褐色,椭圆形。花期5—6月,果期9—10月。

生境与分布　见于全市各地;生于山谷溪边疏林或密林,山坡、山顶灌丛或草丛中。

主要用途　观赏植物。

087 宁波溲疏

学名 *Deutzia ningpoensis* Rehd.
科名 虎耳草科 Saxifragaceae

形态特征 灌木,高可达2m。老枝灰褐色,表皮常脱落。叶厚纸质,卵状长圆形,先端渐尖或急尖,基部圆形或阔楔形。聚伞状圆锥花序,多花;花蕾长圆形;花瓣白色,长圆形,先端急尖,中部以下渐狭。蒴果半球形,密被星状毛。花期5—7月,果期9—10月。

生境与分布 见于全市各地;生于山谷或山坡林中。

主要用途 观赏植物。

088　疏花山梅花

学名　*Philadelphus brachybotrys* var. *laxiflorus* Rehd.

科名　虎耳草科Saxifragaceae

形态特征　灌木,高可达3m。二年生枝表皮薄片状脱落。叶长椭圆形或卵状椭圆形,先端渐尖,基部楔形。总状花序有花7~9朵;萼筒钟形,裂片卵形,先端急尖;花瓣白色,近圆形。蒴果椭圆形。种子具短尾。花期5—6月,果期8月。

生境与分布　见于全市各地;生于山坡或灌丛中。

主要用途　庭院绿化树种。

089　矩形叶鼠刺

学名　*Itea chinensis* var. *oblonga*（Hand.-Mazz.）

科名　虎耳草科 Saxifragaceae

形态特征　常绿灌木,高可达4m。叶互生,薄革质,倒卵形或矩圆状倒卵形,先端短渐尖,基部楔形或宽楔形。总状花序腋生;具叶状苞片;花白色;萼5裂,三角形;花瓣5,镊合状排列,斜披针形。蒴果,2瓣裂。花期5—6月,果期9—10月。

生境与分布　见于全市各地;生于山坡杂木林中、溪沟边、山坡裸岩旁或林缘路边。

主要用途　庭院绿化树种。

090 崖花海桐

学名 *Pittosporum illiciodes* Makino
科名 海桐花科 Pittosporaceae

形态特征 常绿灌木,高可达5m。老枝有皮孔。叶生于枝顶,3~8片簇生,呈假轮生状,薄革质,倒卵状披针形,先端渐尖,基部窄楔形,常向下延。伞形花序顶生,有花2~10朵;萼片卵形,先端钝。蒴果近圆形;果梗纤细,常向下弯。种子8~15个,种柄短而扁平。

生境与分布 见于全市各地;生于山坡杂木林中、溪沟边、山坡裸岩旁或林缘路边。

主要用途 种子含油,油脂可制肥皂;茎皮纤维可制纸。

091　枫香

学名　*Liquidambar formosana* Hance
科名　金缕梅科 Hamamelidaceae

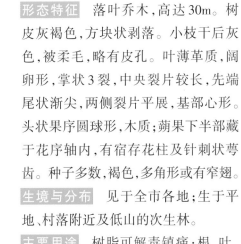

形态特征　落叶乔木,高达30m。树皮灰褐色,方块状剥落。小枝干后灰色,被柔毛,略有皮孔。叶薄革质,阔卵形,掌状3裂,中央裂片较长,先端尾状渐尖,两侧裂片平展,基部心形。头状果序圆球形,木质;蒴果下半部藏于花序轴内,有宿存花柱及针刺状萼齿。种子多数,褐色,多角形或有窄翅。

生境与分布　见于全市各地;生于平地、村落附近及低山的次生林。

主要用途　树脂可解毒镇痛;根、叶、果实有祛风之功效;庭阴树;木材可制家具等。

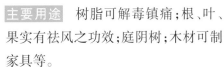

092 檵木

学名 *Loropetalum chinense*（R. Br.）Oliv.
科名 金缕梅科 Hamamelidaceae

形态特征 灌木。多分枝,小枝有星状毛。叶革质,卵形,先端尖锐,基部钝,全缘。花3~8朵簇生,有短花梗,白色,比新叶先开放;花瓣4片,带状,先端圆或钝。蒴果卵圆形,先端圆。种子圆卵形,黑色,发亮。花期3—4月。

生境与分布 见于全市各地;生于向阳的丘陵、山地及林下。

主要用途 观赏植物。

093　灰白蜡瓣花

学名　*Corylopsis glandulifera* var. *hypoglauca*（Cheng）Chang
科名　金缕梅科 Hamamelidaceae

形态特征　落叶灌木,高可达3m。嫩枝纤细,秃净无毛,芽体无毛。叶片近圆形,下面灰白色。总状花序生于具1~2枚叶的侧枝顶端,花序梗、花序轴均秃净无毛;总苞状鳞片近圆形,苞片卵圆形,小苞片矩圆形,萼齿卵形,花瓣匙形,花柱与花瓣等长。蒴果无毛。种子黑色,有光泽;种脐白色。

生境与分布　见于全市各地;生于山地灌丛。

主要用途　适于庭院内配植于角隅,亦可盆栽供观赏;花枝可作瓶插材料。

094 牛鼻栓

学名　*Fortunearia sinensis* Rehd. et Wils.
科名　金缕梅科 Hamamelidaceae

形态特征　落叶灌木或小乔木，高可达5m。嫩枝有灰褐色柔毛。叶膜质，倒卵形或倒卵状椭圆形，先端锐尖，基部圆形或钝，稍偏斜。两性花的总状花序；苞片及小苞片披针形；花瓣狭披针形。蒴果卵圆形，有白色皮孔，果瓣先端尖。种子卵圆形，褐色，有光泽，种脐马鞍形，稍带白色。花期3—4月，果期7—8月。

生境与分布　见于全市各地；生于山坡、谷地中。

主要用途　枝、叶、根具益气、止血之功效。

095　杜仲

学名　*Eucommia ulmoides* Oliv.
科名　杜仲科 Eucommiaceae

形态特征　落叶乔木,高达20m。树皮灰褐色,粗糙,折断后拉开有多数细丝。嫩枝有黄褐色毛,不久变秃净,老枝有明显的皮孔。叶椭圆形、卵形或矩圆形,薄革质,基部圆形或阔楔形,先端渐尖。花生于当年生枝基部;雄花无花被,苞片倒卵状匙形,顶端圆形;雌花单生,苞片倒卵形。翅果扁平,长椭圆形,基部楔形,周围具薄翅。种子扁平,线形,两端圆形。早春开花,秋后果实成熟。

生境与分布　全市各地有栽培。

主要用途　树皮供药用,作为强壮剂及降血压;木材供建筑及制家具。

096　绣球绣线菊

学名　*Spiraea blumei* G. Don
科名　蔷薇科 Rosaceae

形态特征　灌木,高可达2m。小枝细,深红褐色或暗灰褐色,无毛。叶片菱状卵形至倒卵形,先端圆钝或微尖,基部楔形。伞形花序有花序梗,无毛,具花10~25朵;苞片披针形,无毛;萼筒钟状;萼片三角形或卵状三角形,先端急尖或短渐尖;花瓣宽倒卵形,先端微凹,白色。蓇葖果较直立,无毛,花柱位于背部先端,倾斜开展,萼片直立。花期4—6月,果期8—10月。

生境与分布　见于梅城、三都、乾潭等;生于向阳山坡、杂木林内或路旁。

主要用途　观赏灌木;叶可代茶;根、果供药用。

097　中华绣线菊

学名　*Spiraea chinensis* Maxim.
科名　蔷薇科 Rosaceae

形态特征　灌木,高可达3m。小枝呈拱形弯曲,红褐色。冬芽卵形,先端急尖,有数枚鳞片。叶片菱状卵形至倒卵形,先端急尖或圆钝,基部宽楔形或圆形。伞形花序具花16~25朵;苞片线形;萼筒钟状;萼片卵状披针形,先端长渐尖;花瓣近圆形,先端微凹或圆钝,白色。蓇葖果张开,花柱顶生,直立。花期3—6月,果期6—10月。

生境与分布　见于全市各地;生于山坡灌木丛中、山谷溪边、田野路旁。

主要用途　观赏灌木;盆栽切花。

098　野珠兰

学名　*Stephanandra chinensis* Hance
科名　蔷薇科 Rosaceae

形态特征　灌木,高达1.5m。小枝细弱,圆柱形,红褐色。叶片卵形至长椭卵形,先端渐尖,稀尾尖,基部近心形、圆形、稀宽楔形。顶生疏松的圆锥花序;苞片小,披针形至线状披针形;萼筒杯状;萼片三角卵形,先端钝,有短尖,全缘;花瓣倒卵形,先端钝,白色;花柱顶生,直立。蓇葖果近球形,具宿存直立的萼片。种子1,卵球形。花期5月,果期7—8月。

生境与分布　见于全市各地;生于阔叶林边或灌木丛中。

主要用途　茎皮纤维可造纸;根部煎水,治咽喉肿痛。

099　野山楂

学名　*Crataegus cuneata* Sieb. et Zucc.
科名　蔷薇科 Rosaceae

形态特征　落叶灌木,高达15m。分枝密,通常具细刺;小枝细弱,圆柱形,有棱;老枝灰褐色,散生长圆形皮孔。叶片宽倒卵形至倒卵状长圆形,先端急尖,基部楔形,下延连于叶柄。伞房花序,花序梗和花梗均被柔毛;苞片草质,披针形;萼筒钟状,萼片三角卵形;花瓣近圆形或倒卵形,白色,基部有短爪。果实近球形或扁球形,红色或黄色。花期5—6月,果期9—11月。

生境与分布　见于全市各地;生于山谷、多石湿地或山地灌木丛中。

主要用途　果实可供生食、酿酒或制果酱,入药有健胃、消积化滞之效;茎、叶煮汁可洗漆疮。

100　中华石楠

学名　*Photinia beauverdiana* Schneid.
科名　蔷薇科 Rosaceae

形态特征　落叶灌木或小乔木,高可达10m。小枝紫褐色,有散生灰色皮孔。叶片薄纸质,长圆形,先端突渐尖,基部圆形或楔形。花多数,成复伞房花序;花序梗和花梗密生疣点;萼筒杯状;萼片三角卵形;花瓣白色,卵形或倒卵形,先端圆钝。果实卵形,紫红色,先端有宿存萼片。花期5月,果期7—8月。

生境与分布　见于全市各地;生于山坡或山谷林下。

主要用途　重要的观赏植物。

101　光叶石楠

学名　*Photinia glabra*（Thunb.）Maxim.
科名　蔷薇科 Rosaceae

形态特征　常绿乔木，高可达7m。老枝灰黑色，皮孔棕黑色。叶片革质，幼时及老时皆呈红色，椭圆形、长圆形，先端渐尖，基部楔形。花多数，成顶生复伞房花序；萼筒杯状；萼片三角形，先端急尖；花瓣白色，反卷，倒卵形，先端圆钝。果实卵形，红色，无毛。花期4—5月，果期9—10月。

生境与分布　见于全市各地；生于山坡杂木林中。

主要用途　适宜栽培作篱垣及庭院树；叶有解热、利尿、镇痛之作用；种子榨油。

102　小叶石楠

学名　*Photinia parvifolia*（Pritz.）Schneid.
科名　蔷薇科 Rosaceae

形态特征　落叶灌木,高可达3m。枝红褐色,有黄色散生皮孔。叶片草质,椭圆形、椭圆卵形或菱状卵形,先端渐尖或尾尖,基部宽楔形或近圆形,边缘有具腺尖锐锯齿。花2~9朵,成伞形花序,生于侧枝顶端,无花序梗;花瓣白色,圆形,先端钝,有极短爪。果实椭圆形,橘红色,内含2~3卵形种子;果梗密布疣点。花期4—5月,果期7—8月。

生境与分布　见于全市各地;生于低山、丘陵灌丛中。

主要用途　庭阴树或绿篱;根、枝、叶有行血、止血、镇痛之功效。

103 石楠

学名 *Photinia serratifolia*（Desf.）Kalkman
科名 蔷薇科 Rosaceae

形态特征 常绿灌木或小乔木,高可达12m。枝褐灰色。叶片革质,长椭圆形、长倒卵形或倒卵状椭圆形,先端尾尖,基部圆形或宽楔形。复伞房花序顶生;花密生;萼筒杯状;萼片阔三角形,先端急尖;花瓣白色,近圆形。果实球形,红色,后呈褐紫色,有1粒种子。种子卵形,棕色。花期4—5月,果期10月。

生境与分布 见于全市各地;生于杂木林中。

主要用途 观赏树种;木材坚密,可制车轮及器具柄;可作枇杷的砧木。

104　石斑木

学名　*Rhaphiolepis indica*（Linn.）Lindl.
科名　蔷薇科 Rosaceae

形态特征　常绿灌木,高可达4m。叶片集生于枝顶,卵形、长圆形,先端圆钝,急尖,基部渐狭连于叶柄。顶生圆锥花序或总状花序,花序梗和花梗被锈色茸毛;苞片及小苞片狭披针形;萼筒筒状;萼片三角披针形至线形,先端急尖;花瓣5,白色或淡红色,倒卵形或披针形,先端圆钝,基部具柔毛。果实球形,紫黑色。花期4月,果期7—8月。

生境与分布　见于全市各地;生于山坡、路边或溪边灌木林中。

主要用途　木材带红色,质重坚韧,可作器物,果实可食。

105　豆梨

学名　*Pyrus calleryana* Dcne.
科名　蔷薇科 Rosaceae

形态特征　乔木,高可达8m。小枝粗壮,圆柱形,二年生枝灰褐色。叶片宽卵形至卵形,先端渐尖,基部圆形至宽楔形。伞形总状花序,具花6~12朵,花序梗和花梗均无毛;苞片膜质,线状披针形;萼片披针形,先端渐尖;花瓣卵形,基部具短爪,白色。梨果球形,黑褐色,有斑点。花期4月,果期8—9月。

生境与分布　见于全市各地;生于山坡、平原或山谷杂木林中。

主要用途　木材致密,可作器具;可作沙梨砧木。

学名　*Kerria japonica*（L.）DC.
科名　蔷薇科 Rosaceae

形态特征　落叶灌木，高可达3m。小枝绿色，圆柱形，常拱垂，嫩枝有棱角。叶互生，三角状卵形或卵圆形，顶端长渐尖，基部圆形、截形或微心形；单花，着生在当年生侧枝顶端；萼片卵状椭圆形，顶端急尖，有小尖头，果时宿存；花瓣黄色，宽椭圆形，顶端下凹。瘦果倒卵形至半球形，褐色或黑褐色，有皱褶。花期4—6月，果期6—8月。

生境与分布　见于全市各地；生于山坡灌丛中。

主要用途　庭院栽培；茎髓有催乳利尿之效。

形态特征 直立或匍匐小灌木。茎常伏地生根,长出新株;匍匐枝长达2m,与花枝均密被茸毛状长柔毛,无刺。单叶,卵形至近圆形,顶端圆钝或急尖,基部心形。花成短总状花序,顶生或腋生,或花数朵簇生于叶腋;花萼外密被淡黄色长柔毛和茸毛;萼片披针形或卵状披针形,顶端渐尖;花瓣倒卵形,白色。果实近球形,紫黑色,无毛;核具粗皱纹。花期7—8月,果期9—10月。

生境与分布 见于全市各地;生于阔叶林下或山地疏密杂木林内。

主要用途 果可食及酿酒;根及全草入药,有活血、清热解毒之效。

108　掌叶复盆子

学名　*Rubus chingii* Hu
科名　蔷薇科 Rosaceae

形态特征　藤状灌木,高可达3m。枝细,具皮刺。单叶,近圆形,基部心形,边缘掌状,深裂,裂片椭圆形或菱状卵形,顶端渐尖,基部狭缩,有掌状5脉。单花腋生;萼片卵形或卵状长圆形,顶端具突尖头;花瓣椭圆形或卵状长圆形,白色,顶端圆钝。果实近球形,红色,密被灰白色柔毛;核有皱纹。花期3—4月,果期5—6月。

生境与分布　见于全市各地;生于山坡、路边阳处或阴处灌木丛中。

主要用途　果大,味甜,可食、制糖及酿酒,又可入药,为强壮剂;根能止咳、活血、消肿。

109　山莓

形态特征　直立灌木,高可达3m。枝具皮刺。单叶,卵形至卵状披针形,顶端渐尖,基部微心形。花单生;花萼外密被细柔毛,无刺;萼片卵形或三角状卵形,顶端急尖至短渐尖;花瓣长圆形或椭圆形,白色,顶端圆钝,长于萼片。果实由很多小核果组成,近球形或卵球形,红色,密被细柔毛;核具皱纹。花期2—3月,果期4—6月。

生境与分布　见于全市各地;生于向阳山坡、溪边、山谷、荒地和疏密灌丛中潮湿处。

主要用途　果味甜美,可供生食、制果酱及酿酒;果、根及叶入药,有活血、解毒、止血之效。

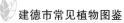
110 插田泡

学名　*Rubus coreanus* Miq.
科名　蔷薇科 Rosaceae

形态特征　灌木,高可达 3m。枝粗壮,红褐色,被白粉,具近直立或钩状扁平皮刺。小叶通常 5 枚,卵形、菱状卵形或宽卵形,顶端急尖,基部楔形至近圆形。伞房花序生于侧枝顶端,具花数朵至 30 朵,花序梗和花梗均被灰白色短柔毛;萼片长卵形至卵状披针形,顶端渐尖,花时开展,果时反折;花瓣倒卵形,淡红色至深红色。果实近球形,深红色至紫黑色;核具皱纹。花期 4—6 月,果期 6—8 月。

生境与分布　见于全市各地;生于山坡灌丛或山谷、河边、路旁。

主要用途　果实可生食、熬糖及酿酒;果可入药,为强壮剂;根有止血、镇痛之效;叶能明目。

111　光果悬钩子

学名　*Rubus glabricarpus* Cheng
科名　蔷薇科 Rosaceae

形态特征　灌木,高可达3m。枝具基部
宽扁的皮刺。单叶,卵状披针形,顶端渐
尖,基部微心形,边缘有不规则重锯齿或
缺刻状锯齿,并有腺毛。花单生,顶生或
腋生;花萼外被柔毛和腺毛;花瓣卵状长
圆形,白色,顶端圆钝。果实卵球形,红
色,无毛;核具皱纹。花期3—4月,果期
5—6月。

生境与分布　见于全市各地;生于山坡、
山脚、沟边及杂木林下。

主要用途　果实可生食。

112 蓬蘽

学名 *Rubus hirsutus* Thunb.
科名 蔷薇科 Rosaceae

形态特征 灌木,高可达2m。枝红褐色或褐色,疏生皮刺。小叶3~5枚,卵形或宽卵形,顶端急尖,顶生小叶顶端常渐尖,基部宽楔形至圆形。花常单生于侧枝顶端,也有腋生;苞片小,线形;花大,花萼外密被柔毛和腺毛;萼片卵状披针形或三角披针形,顶端长尾尖;花瓣倒卵形或近圆形,白色,基部具爪。果实近球形。花期4月,果期5—6月。

生境与分布 见于全市各地;生于山坡路旁阴湿处或灌丛中。

主要用途 果可食用;全株及根入药,能消炎解毒、清热镇静、活血及祛风湿。

113　高粱泡

学名　*Rubus lambertianus* Ser.
科名　蔷薇科 Rosaceae

形态特征　半落叶藤状灌木,高达3m。枝幼时有微弯小皮刺。单叶宽卵形,顶端渐尖,基部心形,边缘明显3~5裂或呈波状。圆锥花序顶生,生于枝上部叶腋内的花序常近总状;萼片卵状披针形,顶端渐尖,全缘;花瓣倒卵形,白色。果实小,近球形,由多数小核果组成,熟时红色;核较小,有明显皱纹。花期7—8月,果期9—11月。

生境与分布　见于全市各地;生于山坡、山谷或路旁灌木丛中阴湿处、林缘及草坪。

主要用途　果熟后食用及酿酒;根、叶供药用,有清热散瘀、止血之效。

114　太平莓

学名　*Rubus pacificus* Hance
科名　蔷薇科 Rosaceae

形态特征　常绿矮小灌木,高达1m。枝细,圆柱形,微拱曲。单叶,革质,宽卵形至长卵形,顶端渐尖,基部心形,基部具掌状5出脉。花3~6朵成顶生短总状或伞房状花序;萼片卵形至卵状披针形,顶端渐尖,外萼片顶端常条裂,内萼片全缘;花瓣白色,顶端微缺刻状,基部具短爪,稍长于萼片。果实球形,红色,无毛;核具皱纹。花期6—7月,果期8—9月。

生境与分布　见于全市各地;生于山地路旁或杂木林内。此种耐干旱。

主要用途　全株入药,有清热活血之效。

115　茅莓

学名　*Rubus parvifolius* Linn.
科名　蔷薇科 Rosaceae

形态特征　灌木,高达2m。枝呈弓形弯曲,被柔毛和稀疏钩状皮刺;小叶3枚,菱状圆形或倒卵形,顶端圆钝或急尖,基部圆形或宽楔形。伞房花序顶生或腋生;苞片线形;萼片卵状披针形或披针形,顶端渐尖;花瓣卵圆形或长圆形,粉红至紫红色,基部具爪。果实卵球形,红色;核有浅皱纹。花期5—6月,果期7—8月。

生境与分布　见于全市各地;生于山坡杂木林下、向阳山谷、路旁或荒野。

主要用途　果实可食用、酿酒及制醋;全株入药,有镇痛、活血、祛风湿及解毒之效。

116 红腺悬钩子

学名 *Rubus sumatranus* Miq.
科名 蔷薇科 Rosaceae

形态特征 直立或攀援灌木。小枝、叶轴、叶柄、花梗和花序梗均被紫红色腺毛、柔毛和皮刺。小叶5~7枚,卵状披针形至披针形,顶端渐尖,基部圆形,边缘具不整齐的尖锐锯齿。花3朵或数朵成伞房状花序;苞片披针形;萼片披针形,顶端长尾尖,在果期反折;花瓣长倒卵形或匙形,白色,基部具爪。果实长圆形,橘红色,无毛。花期4—6月,果期7—8月。

生境与分布 见于全市各地;生于山地、山谷疏密林内、林缘、灌丛内、竹林下及草丛中。

主要用途 根入药,有清热、解毒、利尿之效。

117 木莓

学名　*Rubus swinhoei* Hance
科名　蔷薇科 Rosaceae

形态特征 落叶或半常绿灌木,高可达4m。茎细而圆,暗紫褐色。单叶,自宽卵形至长圆状披针形,顶端渐尖,基部截形至浅心形,边缘有不整齐粗锐锯齿。花常5~6朵,成总状花序;花萼片卵形或三角状卵形,顶端急尖,全缘,在果期反折;花瓣白色,宽卵形或近圆形。果实球形,由多数小核果组成,成熟时由绿紫红色转变为黑紫色,味酸涩;核具明显皱纹。花期5—6月,果期7—8月。

生境与分布 见于全市各地;生于山坡疏林、灌丛、溪谷及杂木林下。

主要用途 果可食;根皮可提取栲胶。

118　硕苞蔷薇

学名　*Rosa bracteata* Wendl.
科名　蔷薇科 Rosaceae

形态特征　铺散常绿灌木,高达 5m。有长匍匐枝;小枝粗壮,混生针刺和腺毛;皮刺扁弯,常成对着生在托叶下方。小叶 5~9 枚;小叶片革质,椭圆形,先端截形,基部宽楔形,边缘有紧贴圆钝锯齿。花单生或 2~3 朵集生;有数枚大型宽卵形苞片,边缘有不规则缺刻状锯齿;萼片宽卵形,先端尾状渐尖;花瓣白色,倒卵形,先端微凹。果球形,密被黄褐色柔毛;果梗短。花期 5—7 月,果期 8—11 月。

生境与分布　见于全市各地;生于溪边、路旁和灌丛中。

主要用途　果实和根可入药,有收敛、补脾、益肾之效;花可止咳。

119　小果蔷薇

学名　*Rosa cymosa* Tratt.
科名　蔷薇科 Rosaceae

形态特征　攀援灌木,高可达5m。小枝圆柱形,有钩状皮刺。小叶3~5;小叶片卵状披针形或椭圆形,先端渐尖,基部近圆形。花多朵成复伞房花序;萼片卵形,先端渐尖;花瓣白色,倒卵形,先端凹,基部楔形。果球形,红色至黑褐色,萼片脱落。花期5—6月,果期7—11月。

生境与分布　见于全市各地;生于向阳山坡、路旁、溪边或丘陵。

主要用途　花可提取芳香油;根入药,具祛风除湿、止咳化痰、解毒消肿之功效。

120　金樱子

学名　*Rosa laevigata* Michx.
科名　蔷薇科 Rosaceae

形态特征　常绿攀援灌木,高可达5m。小枝粗壮,散生扁弯皮刺。小叶革质;小叶片椭圆状卵形,先端急尖或圆钝,边缘有锐锯齿。花单生于叶腋;花梗和萼筒密被腺毛,随果实成长变为针刺;萼片卵状披针形,先端呈叶状;花瓣白色,宽倒卵形,先端微凹。果梨形、倒卵形,紫褐色,外面密被刺毛。花期4—6月,果期7—11月。

生境与分布　见于全市各地;生于向阳的山野、田边、溪畔灌木丛。

主要用途　果实可熬糖及酿酒;根有活血散瘀、祛风除湿、解毒收敛及杀虫等功效;叶外用治疮疖、烧烫伤;果能止腹泻,并对流感病毒有抑制作用。

121 野蔷薇

学名	*Rosa multiflora* Thunb.
科名	蔷薇科 Rosaceae

形态特征 攀援灌木。小叶5~9,叶片倒卵形、长圆形,先端急尖,基部近圆形,边缘有尖锐单锯齿;小叶柄和叶轴有散生腺毛;托叶篦齿状,大部贴生于叶柄。花多朵,排成圆锥状花序;花瓣白色,宽倒卵形,先端微凹,基部楔形。果近球形,红褐色或紫褐色。花期4—6月,果期7—11月。

生境与分布 见于全市各地;生于路旁、田边或丘陵地的灌木丛中。

主要用途 园林绿化材料;具清暑化湿、顺气和胃、止血的功效。

122 桃

学名 *Amygdalus persica* Linn.
科名 蔷薇科 Rosaceae

形态特征 乔木,高达8m。树皮暗红褐色,老时粗糙,呈鳞片状;冬芽圆锥形,顶端钝,常2~3个簇生,中间为叶芽,两侧为花芽。叶片长圆披针形,先端渐尖,基部宽楔形。花单生,先于叶开放;花萼筒钟形,绿色而具红色斑点;萼片卵形至长圆形,顶端圆钝;花瓣长圆状椭圆形至宽倒卵形,粉红色。果实卵形、宽椭圆形或扁圆形;果肉多汁,有香味;核大,椭圆形或近圆形,两侧扁平,表面具纵、横沟纹和孔穴。花期3—4月,果期通常为8—9月。

生境与分布 全市各地有栽培。

主要用途 重要的水果;桃胶可食用,也供药用,有破血、和血、益气之效。

123　梅

学名　*Armeniaca mume* Sieb.
科名　蔷薇科 Rosaceae

形态特征　小乔木，高可达10m。树皮浅灰色或带绿色，平滑。小枝绿色，光滑无毛。叶片卵形或椭圆形，先端尾尖，基部宽楔形至圆形。花单生，香味浓，先于叶开放；萼片卵形或近圆形，先端圆钝；花瓣倒卵形，白色至粉红色。果实近球形，黄色或绿白色；果肉与核粘贴；核椭圆形，基部渐狭成楔形，腹棱稍钝，腹面和背棱上均有明显纵沟，表面具蜂窝状孔穴。花期冬春季，果期5—6月。

生境与分布　全市各地有栽培。

主要用途　果实鲜时、盐渍或干制后可食；供观赏、制作梅桩；花可提取香精。

124　李

学名　*Prunus salicina* Lindl.

科名　蔷薇科 Rosaceae

形态特征　落叶乔木,高可达12m。树皮灰褐色,起伏不平。冬芽卵圆形,红紫色。叶片长圆状倒卵形、长椭圆形,先端渐尖、急尖或短尾尖,基部楔形,边缘有圆钝重锯齿。花常3朵并生;萼筒钟状;萼片长圆卵形,先端急尖或圆钝;花瓣白色,长圆倒卵形,先端啮齿状,基部楔形,有明显带紫色脉纹。核果球形、卵球形或近圆锥形,黄色或红色,顶端微尖,基部有纵沟,外被蜡粉;核卵圆形或长圆形,有皱纹。花期4月,果期7—8月。

生境与分布　全市各地有栽培。

主要用途　水果。

125 迎春樱

学名 *Cerasus discoidea* Yu et Li
科名 蔷薇科 Rosaceae

形态特征 小乔木,高可达5m。小枝紫褐色。冬芽卵球形。叶片倒卵状长圆形,先端骤尾尖,基部楔形,边有缺刻状急尖锯齿,齿端有小盘状腺体。花先叶开放,伞形花序有花2朵,基部常有褐色革质鳞片;总苞片倒卵状椭圆形;苞片革质,近圆形;萼筒管形钟状,萼片长圆形,先端圆钝;花瓣粉红色。核果红色;核表面略有棱纹。花期3月,果期5月。

生境与分布 见于全市各地;生于山谷林中或溪边灌丛中。

主要用途 观花树种。

126 合欢

学名　*Albizia julibrissin* Durazz.

科名　豆科 Leguminosae

形态特征　落叶乔木,高可达16m。树冠开展;小枝有棱角。二回羽状复叶,总叶柄近基部及最顶端1对羽片着生处各有1枚腺体;小叶10~30对,线形至长圆形,向上偏斜,先端有小尖头。头状花序于枝顶排成圆锥花序;花粉红色;花萼管状。荚果带状,嫩荚有柔毛,老荚无毛。花期6—7月,果期8—10月。

生境与分布　见于全市各地;生于山坡。

主要用途　城市行道树、观赏树;木材多用于制家具;嫩叶可食;树皮供药用,有驱虫之效。

127　山合欢

学名　*Albizia kalkora*（Roxb.）Prain
科名　豆科 Leguminosae

形态特征　落叶小乔木或灌木,高达8m。枝条暗褐色,有显著皮孔。二回羽状复叶;羽片2~4对;小叶5~14对,长圆形或长圆状卵形,先端圆钝而有细尖头,基部不对称。头状花序2~7枚生于叶腋;花初白色,后变黄色;花萼管状,中部以下连合成管状,裂片披针形。荚果带状,深棕色,嫩荚密被短柔毛。种子4~12颗,倒卵形。花期5—6月,果期8—10月。

生境与分布　见于全市各地;生于山坡灌丛、疏林中。

主要用途　风景树。

128 紫荆

学名 *Cercis chinensis* Bunge
科名 豆科 Leguminosae

形态特征 丛生或单生灌木,高可达5m。树皮和小枝灰白色。叶纸质,近圆形或三角状圆形,先端急尖,基部浅至深心形。花紫红色或粉红色,2至10余朵成束,簇生于老枝和主干上,先于叶开放。荚果扁狭长形,绿色,先端急尖或短渐尖,喙细而弯曲,基部长渐尖,两侧缝线对称或近对称。种子阔长圆形,黑褐色,光亮。花期3—4月,果期8—10月。

生境与分布 全市各地有栽培。

主要用途 木本花卉植物;树皮可入药,有清热解毒之功效;花可治风湿筋骨痛。

129 云实

学名　*Caesalpinia decapetala*（Roth）Alston

科名　豆科 Leguminosae

形态特征　藤本。树皮暗红色；枝、叶轴和花序梗均被柔毛和钩刺。二回羽状复叶；羽片3~10对，对生，基部有刺1对；小叶8~12对，膜质，长圆形，两端近圆钝。总状花序顶生，直立，具多花；花序梗多刺；花瓣黄色，膜质，圆形或倒卵形。荚果长圆状舌形，脆革质，沿腹缝线膨胀成狭翅。种子6~9颗，椭圆状，种皮棕色。花果期4—10月。

生境与分布　见于全市各地；生于山坡灌丛中及平原、丘陵、河旁等地。

主要用途　种子具解毒除湿、止咳化痰之功效。

130　花榈木

学名　*Ormosia henryi* Prain
科名　豆科 Leguminosae

形态特征　常绿乔木,高16m。树皮灰绿色,平滑,有浅裂纹。小枝、叶轴、花序梗密被茸毛。奇数羽状复叶,革质,椭圆形或长圆状椭圆形,先端钝或短尖,基部圆或宽楔形,叶缘微反卷。圆锥花序顶生,或总状花序腋生;花冠中央淡绿色,边缘绿色,微带淡紫色。荚果扁平,长椭圆形,顶端有喙,果颈长约

5mm,果瓣革质,紫褐色,无毛,内壁有横隔膜,有种子4~8粒,稀1~2粒。种子椭圆形或卵形,长8~15mm;种皮鲜红色,有光泽;种脐长约3mm,位于短轴一端。花期7—8月,果期10—11月。

生境与分布　见于李家、寿昌、更楼、洋溪、莲花、下涯、梅城、三都、乾潭等;生于山坡、溪谷两旁杂木林内。

主要用途　国家二级重点保护野生植物;木材致密,纹理美丽,可作细木家具用材;绿化树种。

131　红豆树

学名　*Ormosia hosiei* Hemsl. et Wils.
科名　豆科 Leguminosae

形态特征　常绿乔木,高达30m。树皮灰绿色,平滑。小枝绿色。奇数羽状复叶;小叶薄革质,卵形或卵状椭圆形,先端急尖或渐尖,基部圆形或阔楔形。圆锥花序顶生或腋生,下垂;花疏,有香气;花萼钟形,浅裂,萼齿三角形;花冠白色或淡紫色,旗瓣倒卵形,翼瓣与龙骨瓣均为长椭圆形。荚果近圆形,扁平,果瓣近革质,内壁无隔膜,有种子1~2粒。种子近圆形或椭圆形,种皮红色。花期4—5月,果期10—11月。

生境与分布　全市各地有栽培。

主要用途　国家二级重点保护野生植物;优良的木雕及高级家具等用材;庭院树种。

132　槐树

学名　*Sophora japonica* Linn.

科名　豆科 Leguminosae

形态特征　乔木，高达25m。树皮灰褐色，具纵裂纹。羽状复叶；叶柄基部膨大，包裹着芽；小叶对生，纸质，卵状披针形，先端渐尖，基部宽楔形。圆锥花序顶生，常呈金字塔形；花萼浅钟状，萼齿5，近等大，圆形或钝三角形；花冠白色或淡黄色，旗瓣近圆形，先端微缺，基部浅心形。荚果串珠状，种子排列较紧密，具肉质果皮，具种子1~6粒。种子卵球形，淡黄绿色，干后黑褐色。花期7—8月，果期8—10月。

生境与分布　全市各地有栽培。

主要用途　行道树和蜜源植物；木材供建筑用。

133 假地豆

学名 *Desmodium heterocarpon*（Linn.）DC.
科名 豆科 Leguminosae

形态特征 小灌木。茎直立或平卧,高达1.5m,基部多分枝。叶为羽状三出复叶;小叶纸质,顶生小叶椭圆形,侧生小叶先端圆,基部钝。总状花序顶生或腋生;花极密;苞片卵状披针形;花冠紫红色、紫色或白色,旗瓣倒卵状长圆形,先端圆至微缺,龙骨瓣极弯曲,先端钝。荚果密集,狭长圆形,腹缝线浅波状,腹、背两缝线被钩状毛。花期7—10月,果期10—11月。

生境与分布 见于全市各地;生于山坡草地、水旁、灌丛或林中。

主要用途 全株供药用,能清热,治跌打损伤。

134 细长柄山蚂蝗

学名 *Desmodium gardneri* Beneh.

科名 豆科 Leguminosae

形态特征 灌木,高可达1m。叶为羽状三出复叶,簇生或散生;小叶3,小叶纸质,卵形至卵状披针形,先端长渐尖,基部楔形。花序顶生,总状花序或具少数分枝的圆锥花序;花冠粉红色。荚果扁平,稍弯曲。花果期8—9月。

生境与分布 见于全市各地;生于山谷密林下或溪边密荫处。

主要用途 观赏植物。

135 黄檀

学名　*Dalbergia hupeana* Hance
科名　豆科 Leguminosae

形态特征　乔木,高达20m。树皮暗灰色,呈薄片状剥落。羽状复叶;小叶3~5对,近革质,椭圆形至长圆状椭圆形,先端钝,基部圆形或阔楔形。圆锥花序顶生或生于最上部的叶腋间;花密集;花萼钟状;花冠白色或淡紫色,各瓣均具柄。荚果长圆形或阔舌形,顶端急尖,基部渐狭成果颈,果瓣薄革质。种子肾形。花期5—7月,果期9—10月。

生境与分布　见于全市各地;生于山地林中或灌丛中、山沟溪旁及有小树林的坡地。

主要用途　木材材质坚密,能耐强力冲撞,制作枪托、工具柄;根药用,可治疥疮。

136　锦鸡儿

学名　*Caragana sinica*（Buc'hoz）Rehder
科名　豆科 Leguminosae

形态特征　灌木,高可达2m。树皮深褐色;小枝有棱。托叶三角形,硬化成针刺;小叶2对,羽状,厚革质或硬纸质,倒卵形或长圆状倒卵形,先端圆形,具刺尖,基部楔形。花单生,花梗中部有关节;花萼钟状,基部偏斜;花冠黄色,常带红色。荚果圆筒状。花期4—5月,果期7月。

生境与分布　见于全市各地;生于山坡灌丛。

主要用途　供观赏或作绿篱。

137　野大豆

学名　*Glycine soja* Sieb. et Zucc.

科名　豆科 Leguminosae

形态特征　一年生缠绕草本，长可达4m。叶具3小叶；顶生小叶卵圆形或卵状披针形，先端锐尖至钝圆，基部近圆形。总状花序短；花小；花梗密生黄色长硬毛；花萼钟状，密生长毛，裂片5，三角状披针形，先端锐尖；花冠淡红紫色或白色。荚果长圆形，稍弯，两侧稍扁。种子2~3颗，椭圆形，稍扁，褐色至黑色。花期7—8月，果期8—10月。

生境与分布　见于全市各地；生于潮湿的田边、园边、沟旁、河岸、湖边。

主要用途　国家二级重点保护野生植物；牧草、绿肥和水土保持植物；有补气血、强壮、利尿等功效。

138 华东木蓝

学名 *Indigofera fortunei* Craib

科名 豆科 Leguminosae

形态特征 灌木,高达 1m。茎直立,灰褐色,分枝有棱。羽状复叶;小叶 3~7 对,对生,卵形、阔卵形、卵状椭圆形,先端钝圆或急尖,微凹,基部圆形或阔楔形。苞片卵形,早落;花冠紫红色或粉红色,旗瓣倒阔卵形,先端微凹。荚果褐色,线状圆柱形,开裂后果瓣旋卷;内果皮具斑点。花期4—5月,果期5—9月。

生境与分布 见于全市各地;生于山坡疏林或灌丛中。

主要用途 根和叶入药,具清热解毒、消肿镇痛之功效。

139　紫藤

学名　*Wisteria sinensis*（Sims）Sweet

科名　豆科 Leguminosae

形态特征　落叶藤本。茎左旋,嫩枝被白色柔毛。冬芽卵形。奇数羽状复叶;小叶3~6对,纸质,卵状椭圆形至卵状披针形,先端渐尖至尾尖,基部钝圆或楔形。总状花序发自去年生短枝的腋芽或顶芽;苞片披针形;花芳香;花萼杯状;花冠紫色,旗瓣圆形,先端略凹陷,花开后反折,翼瓣长圆形,基部圆。荚果倒披针形,密被茸毛,不脱落,有种子1~3粒。种子褐色,具光泽,圆形。花期4月中旬至5月上旬,果期5—8月。

生境与分布　见于全市各地。

主要用途　庭院棚架植物;花可食用。

140 网络崖豆藤

学名 *Callerya reticulata*（Benth.）Schot
科名 豆科 Leguminosae

形态特征 藤本。小枝圆形,具细棱;老枝褐色。羽状复叶;小叶 3~4 对,硬纸质,卵状长椭圆形或长圆形,先端钝,渐尖,基部圆形。圆锥花序顶生或着生于枝梢叶腋,常下垂,基部分枝;花密集,单生于分枝上,小苞片卵形,贴萼生;花萼阔钟状至杯状;花冠红紫色,卵状长圆形,基部截形。荚果线形,狭长,扁平,瓣裂,果瓣薄而硬,近木质,有种子 3~6 粒。种子长圆形。花期 5—11 月。

生境与分布 见于全市各地;生于山地灌丛及沟谷。

主要用途 园艺观赏用。

141　截叶铁扫帚

学名　*Lespedeza cuneata*（Dum. Cours.）G. Don
科名　豆科 Leguminosae

形态特征　小灌木,高达1m。茎直立或斜升,上部分枝;分枝斜上举。叶密集,柄短;小叶楔形或线状楔形,先端截形或近截形,具小刺尖,基部楔形。总状花序腋生,具2~4朵花;花序梗极短;小苞片卵形或狭卵形,先端渐尖;花萼狭钟形;花冠淡黄色或白色,旗瓣基部有紫斑;闭锁花簇生于叶腋。荚果宽卵形或近球形,被伏毛。花期7—8月,果期9—10月。

生境与分布　见于全市各地;生于山坡路旁。

主要用途　可用作饲料;益肝明目、利尿解热。

142 大叶胡枝子

学名 *Lespedeza davidii* Franch

科名 豆科 Leguminosae

形态特征 直立灌木,高可达3m。枝条有明显的条棱,密被长柔毛。小叶宽卵圆形或宽倒卵形,先端圆或微凹,基部圆形或宽楔形,全缘,两面密被黄白色绢毛。总状花序腋生或于枝顶形成圆锥花序;花序梗密被长柔毛;小苞片卵状披针形,外面被柔毛;花红紫色,旗瓣倒卵状长圆形,顶端圆或微凹,基部具耳和短柄。荚果卵形,稍歪斜,先端具短尖,基部圆,表面具网纹。花期7—9月,果期9—10月。

生境与分布 见于全市各地;生于干旱山坡、路旁或灌丛中。

主要用途 水土保持植物。

143　春花胡枝子

学名　*Lespedeza dunnii* Schindl.
科名　豆科 Leguminosae

形态特征　直立灌木。微具条棱,分枝多。小叶长倒卵形或卵状椭圆形,先端圆或微凹,具短刺尖,基部圆形,上面被疏柔毛。总状花序腋生,比叶长;小苞片2,卵状披针形,红褐色,具突起的脉纹;花冠紫红色,旗瓣倒卵形,先端微凹,基部具短柄,翼瓣长圆形,具耳和柄。荚果长圆状椭圆形,两端尖,具长喙,密被短柔毛。花期4—5月,果期6—7月。

生境与分布　见于全市各地;生于针叶林下或山坡路旁。

主要用途　水土保持植物。

144 美丽胡枝子

学名 *Lespedeza thunbergii*（DC.）Nakai subsp. *formosa*（Vogel）H. Ohashi

科名 豆科 Leguminosae

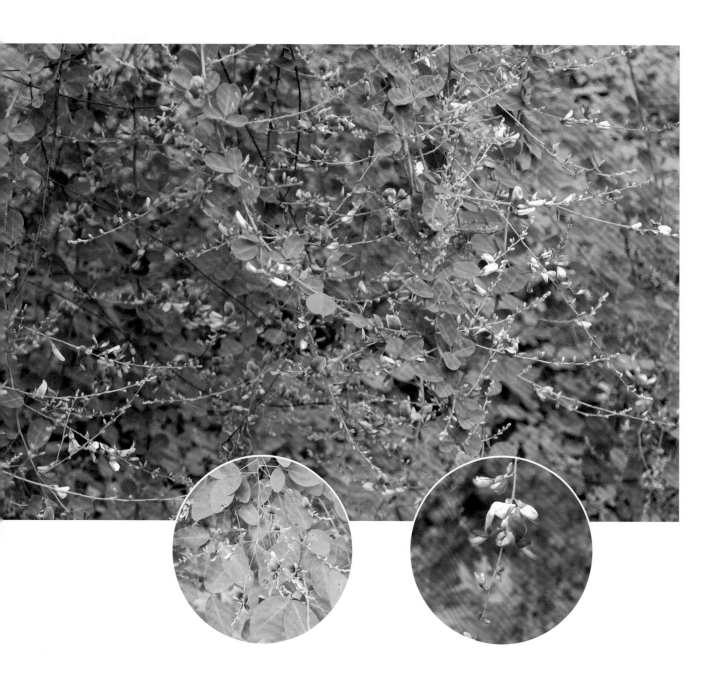

形态特征 直立灌木,高可达2m。多分枝,枝伸展。小叶椭圆形、长圆状椭圆形或卵形,两端稍尖或稍钝。总状花序单一,腋生,比叶长,或构成顶生的圆锥花序;苞片卵状渐尖,密被茸毛;花梗短,被毛;花萼钟状,外面密被短柔毛;花冠红紫色,旗瓣近圆形,先端圆,基部具明显的耳和瓣柄。荚果倒卵形或倒卵状长圆形,表面具网纹且被疏柔毛。花期7—9月,果期9—10月。

生境与分布 见于全市各地;生于山坡、路旁及林缘灌丛中。

主要用途 水土保持植物;绿肥。

145 铁马鞭

学名 *Lespedeza pilosa*（Thunb.）Sieb. et Zucc.
科名 豆科 Leguminosae

形态特征 多年生草本。全株密被长柔毛，茎平卧，少分枝，匍匐于地面。羽状复叶具3小叶；小叶宽倒卵形或倒卵圆形，先端圆形、近截形或微凹，有小刺尖，基部圆形或近截形，顶生小叶较大。总状花序腋生，比叶短；苞片钻形；花序梗极短，密被长毛；小苞片2，披针状钻形；花萼密被长毛，上部分离，裂片狭披针形；花冠黄白色或白色，旗瓣椭圆形，先端微凹，具瓣柄。荚果广卵形，凸镜状，两面密被长毛，先端具尖喙。花期7—9月，果期9—10月。

生境与分布 见于全市各地；生于荒山坡及草地。

主要用途 全株药用，有祛风活络、健胃益气、安神之效。

146 常春油麻藤

学名 *Mucuna sempervirens* Hemsl.
科名 豆科 Leguminosae

形态特征 常绿木质藤本,长可达25m。老茎树皮有皱纹,幼茎有纵棱和皮孔。羽状复叶具3小叶;小叶纸质或革质,顶生小叶椭圆形、长圆形或卵状椭圆形,基部稍楔形,侧生小叶极偏斜。总状花序生于老茎上,每节上有3花,无香气或有臭味;小苞片卵形或倒卵形;花冠深紫色,干后黑色。果木质,带形,种子间缢缩,近念珠状,边缘多数加厚,突起为一圆形脊,无翅。种子4~12颗,内部隔膜木质。花期4—5月,果期8—10月。

生境与分布 见于全市各地;生于灌木丛、溪谷、河边。

主要用途 茎藤药用,有活血化瘀之效;茎皮可织草袋及制纸;块根可提取淀粉;种子可榨油。

147 臭辣树

学名 *Euodia fargesii* Dode
科名 芸香科 Rutaceae

形态特征 乔木,高可达17m。树皮平滑,暗灰色;嫩枝紫褐色,散生小皮孔。叶有小叶5~9片,小叶斜卵形至斜披针形。花序顶生,花甚多;萼片卵形,边缘被短毛;花瓣腹面被短柔毛。蓇果,成熟时紫红色;每一分果瓣有1种子。种子褐黑色,有光泽。花期6—8月,果期8—10月。

生境与分布 见于全市各地;生于山地山谷较湿润的地方。

主要用途 止咳。

148　吴茱萸

学名　*Euodia ruticarpa*（A. Juss.）Benth.
科名　芸香科 Rutaceae

形态特征　小乔木或灌木，高可达5m。嫩枝暗紫红色。叶有小叶5~11片，小叶薄至厚纸质，卵形，小叶两面及叶轴被长柔毛，毛密如毡状。花序顶生；萼片及花瓣均5片，镊合状排列。果序暗紫红色，有大油点，每一分果瓣有1种子。种子近圆球形，一端钝尖，腹面略平坦，褐黑色，有光泽。花期4—6月，果期8—11月。

生境与分布　见于全市各地；生于山地疏林或灌木丛中，多见于向阳坡地。

主要用途　健胃剂、镇痛剂、驱蛔虫药。

149 花椒簕

学名 *Zanthoxylum scandens* Bl.
科名 芸香科 Rutaceae

形态特征 幼龄植株呈直立灌木状,其小枝细长而披垂;成龄植株攀援于它树上,枝干有短沟刺。叶有小叶5~25片;小叶互生或位于叶轴上部的对生,卵形、卵状椭圆形或斜长圆形,顶部短尖至长尾状尖。花序腋生或兼有顶生;萼片及花瓣均4片;萼片淡紫绿色,宽卵形;花瓣淡黄绿色。分果瓣紫红色,干后灰褐色,顶端有短芒尖。种子近圆球形,两端微尖。花期3—5月,果期7—8月。

生境与分布 见于东部山区;生于山坡灌木丛或疏林下。

主要用途 种子油可作润滑油和制肥皂。

150　苦木

学名　*Picrasma quassioides*（D. Don）Benn.
科名　苦木科 Simaroubaceae

形态特征　落叶乔木，高达 10m。树皮紫褐色，平滑，有灰色斑纹。全株有苦味。叶互生，奇数羽状复叶；小叶 9~15，卵状披针形，先端渐尖，基部楔形。花雌雄异株，组成腋生复聚伞花序；萼片小，通常 5，卵形或长卵形，外面被黄褐色微柔毛，覆瓦状排列；花瓣与萼片同数，卵形或阔卵形。核果成熟后蓝绿色，种皮薄，萼宿存。花期 4—5 月，果期 6—9 月。

生境与分布　见于全市各地；生于山坡、山谷及村边较潮湿处。

主要用途　风景树、观赏树；生物农药。

151 苦楝

形态特征 落叶乔木,高达 10 余米。树皮灰褐色,纵裂。叶为二至三回奇数羽状复叶;小叶对生,卵形、椭圆形至披针形,先端短渐尖,基部楔形。圆锥花序约与叶等长;花芳香;花萼 5 深裂,裂片卵形或长圆状卵形,先端急尖;花瓣淡紫色,倒卵状匙形。核果球形至椭圆形,内果皮木质。种子椭圆形。花期 4—5 月,果期 10—12 月。

生境与分布 见于全市各地;生于旷野、路旁或疏林中。

主要用途 良好用材;鲜叶可灭钉螺和作农药。

152　一叶荻

学名　*Flueggea suffruticosa*（Pall.）Baill.
科名　大戟科 Euphorbiaceae

形态特征　灌木,高可达 3m。小枝近圆柱形,有棱槽。叶片纸质,椭圆形或长椭圆形,顶端急尖至钝,基部钝至楔形。花小,雌雄异株,簇生于叶腋;雄花 3~18 朵簇生;萼片椭圆形;雌花萼片 5,椭圆形至卵形。蒴果三棱状扁球形,成熟时淡红褐色,有网纹。种子卵形,一侧扁压状,褐色,有小疣状突起。花期 3—8 月,果期 6—11 月。

生境与分布　见于全市各地;生于山坡灌丛中或山沟、路边。

主要用途　茎皮纤维坚韧,可作纺织原料;枝条可编制用具;根含鞣质。

153 算盘子

学名 *Glochidion puberum*（Linn.）Hutch.
科名 大戟科 Euphorbiaceae

形态特征 直立灌木，高可达5m。小枝灰褐色。叶片纸质或近革质，长圆形、长卵形或倒卵状长圆形，顶端钝、急尖、短渐尖或圆，基部楔形至钝。花小，雌雄同株，2~5朵簇生于叶腋内，雄花序常着生于小枝下部，雌花序则在上部，或有时雌花与雄花同生于一叶腋内。蒴果扁球状，成熟时带红色，顶端具有环状而稍伸长的宿存花柱。种子近肾形，具3棱，朱红色。花期4—8月，果期7—11月。

生境与分布 见于全市各地；生于山坡、溪旁灌木丛中或林缘。

主要用途 种子可榨油，供制肥皂或作润滑油；根、茎、叶和果实均可药用，有活血散瘀之功效，也可作农药；全株可提制栲胶；叶可作绿肥，置于粪池可杀蛆。

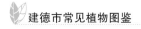

154　落萼叶下珠

学名　*Phyllanthus flexuosus*（Sieb. et Zucc.）Müll.-Arg.
科名　大戟科 Euphorbiaceae

形态特征　灌木,高达3m。枝条褐色。全株无毛。叶片纸质,椭圆形至卵形,顶端渐尖,基部钝至圆。雄花数朵和雌花1朵簇生于叶腋。蒴果浆果状,扁球形,3室,每室具1颗种子,基部萼片脱落。种子近三棱形。花期4—5月,果期6—9月。

生境与分布　见于李家、梅城、三都、乾潭等;生于山地疏林下、沟边、路旁或灌丛中。

主要用途　观赏植物。

155 重阳木

学名 *Bischofia polycarpa*（H. Lev.）Airy Shaw
科名 大戟科 Euphorbiaceae

形态特征 落叶乔木,高达15m。树皮褐色,纵裂。当年生枝皮孔明显,灰白色;老枝变褐色,皮孔变锈褐色。三出复叶;小叶纸质,卵形或椭圆状卵形,顶端突尖或短渐尖,基部圆或浅心形。花雌雄异株,春季与叶同时开放,组成总状花序;花序通常着生于新枝的下部。果实浆果状,圆球形,成熟时褐红色。花期在4—5月,果期10—11月。

生境与分布 全市各地有栽培。

主要用途 庭阴和行道树种;根、叶具行气活血、消肿解毒之功效。

156 油桐

学名 *Vernicia fordii*（Hemsl.）Airy-Shaw
科名 大戟科 Euphorbiaceae

形态特征　落叶乔木,高达10m。树皮灰色,近光滑。枝条具明显皮孔。叶卵圆形,顶端短尖,基部截平至浅心形,全缘;掌状脉5(~7)条;叶柄与叶片近等长,顶端有2枚扁平、无柄腺体。花雌雄同株,先叶或与叶同时开放;花瓣白色,有淡红色脉纹,倒卵形,顶端圆形,基部爪状。核果近球状,果皮光滑。种子种皮木质。花期3—4月,果期8—9月。

生境与分布　见于全市各地;生于丘陵山地。

主要用途　工业油料植物。

157 木油桐

学名　*Vernicia montana* Lour.
科名　大戟科 Euphorbiaceae

形态特征　落叶乔木，高达20m。枝条无毛，散生突起皮孔。叶阔卵形，顶端短尖至渐尖，基部心形至截平，全缘或2~5裂，裂缺常有杯状腺体；掌状脉5条。花序生于当年生已发叶的枝条上，雌雄异株或有时同株异序；花瓣白色或基部紫红色且有紫红色脉纹，倒卵形，基部爪状。核果卵球状，具3条纵棱，棱间有粗疏网状皱纹，有种子3颗。种子扁球状，种皮厚，有疣突。花期4—5月，果期9—10月。

生境与分布　见于全市各地；生于疏林中。

主要用途　工业油料植物。

形态特征 小乔木或灌木,高可达4m。树皮褐色。嫩枝具纵棱,枝、叶柄和花序轴均密被褐色星状毛。叶互生,纸质,顶端急尖,基部圆形;基出脉3条;侧脉5~7对,近叶柄具黑色圆形腺体2颗。花雌雄异株。蒴果近扁球状,钝三棱形,密被有星状毛的软刺和红色腺点。种子近球形,褐色或暗褐色,具皱纹。花期4—6月,果期7—8月。

生境与分布 见于全市各地;生于山地林中。

主要用途 种子可作工业原料;木材可作小器具用材;根可入药。

形态特征　攀援状灌木。嫩枝、叶柄、花序梗和花梗均密生黄色星状柔毛；老枝无毛，常有皮孔。叶互生，纸质或膜质，卵形或椭圆状卵形，顶端急尖或渐尖，基部楔形或圆形，嫩叶两面均被星状柔毛，成长叶仅下面叶脉腋部被毛和散生黄色颗粒状腺体。花雌雄异株，总状花序或下部有分枝；雄花序顶生，雄花花萼裂片3~4，卵状长圆形；雌花序顶生，苞片长三角形，雌花花萼裂片5，卵状披针形。蒴果具2（3）个分果瓣。种子卵形，黑色，有光泽。花期3—5月，果期8—9月。

生境与分布　见于全市各地；生于山地疏林中或林缘。

主要用途　茎皮纤维可编绳用。

160　白木乌桕

学名　*Sapium japonicum*（Sieb. et Zucc.）Pax et Hoffm.

科名　大戟科 Euphorbiaceae

形态特征　灌木或乔木,高可达8m。枝纤细,平滑,带灰褐色。叶互生,纸质,卵形、卵状长方形或椭圆形,顶端短尖或突尖,基部钝、截平或有时呈微心形。花单性,雌雄同株,聚集成顶生,雌花数朵生于花序轴基部,雄花数朵生于花序轴上部;萼片3,三角形,长和宽近相等,顶端短尖。蒴果三棱状球形。种子扁球形,无蜡质的假种皮,有雅致的棕褐色斑纹。花期5—6月,果期9—10月。

生境与分布　见于全市各地;生于林中湿润处或溪涧边。

主要用途　具消肿利尿之功效。

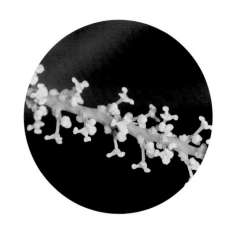

161 交让木

学名 *Daphniphyllum macropodum* Miq.
科名 虎皮楠科 Daphniphyllaceae

形态特征 灌木或小乔木,高可达10m。叶革质,长圆形至倒披针形,先端渐尖,顶端具细尖头,基部楔形至阔楔形;叶柄紫红色,粗壮。果椭圆形,先端具宿存柱头,基部圆形,暗褐色,有时被白粉,具疣状皱褶;果梗纤细。花期3—5月,果期8—10月

生境与分布 见于东部山区;生于阔叶林中,较耐荫,喜温暖湿润气候。

主要用途 观赏;适于作家具、板料及一般工艺用材;叶煮后可防治蚜虫。

162　南酸枣

学名　*Choerospondias axillaris*（Roxb.）Burtt et Hill.

科名　漆树科 Anacardiaceae

形态特征　落叶乔木,高可达20m。树皮灰褐色,片状剥落。小枝暗紫褐色,具皮孔。奇数羽状复叶,有小叶3~6对,叶柄纤细,基部略膨大;小叶膜质至纸质,卵形或卵状披针形或卵状长圆形,先端长渐尖,基部多少偏斜,阔楔形或近圆形;花萼裂片三角状卵形或阔三角形,先端钝圆;花瓣长圆形,具褐色脉纹,开花时外卷。核果椭圆形或倒卵状椭圆形,成熟时黄色,顶端具5个小孔。花期4月,果期8—10月。

生境与分布　见于全市各地;生于山坡、丘陵或沟谷林中。

主要用途　果可生食或酿酒;树皮和果入药,有消炎解毒、止血镇痛之效,外用治大面积烧烫伤。

163 盐肤木

学名 *Rhus chinensis* Mill.
科名 漆树科 Anacardiaceae

形态特征 落叶小乔木或灌木，高可达10m。小枝棕褐色，被锈色柔毛，具圆形小皮孔。奇数羽状复叶有小叶3~6对，叶轴具宽的叶状翅，小叶自下而上逐渐增大；小叶卵形或椭圆状卵形或长圆形，先端急尖，基部圆形，顶生小叶基部楔形。圆锥花序宽大，多分枝。核果球形，略压扁，成熟时红色。花期8—9月，果期10月。

生境与分布 见于全市各地；生于向阳山坡、沟谷、溪边的疏林或灌丛中。

主要用途 在幼枝和叶上形成虫瘿，即五倍子，可供鞣革、制药、制塑料和制墨水等用。

164　野漆

学名　*Toxicodendron succedaneum*（Linn.）O. Kuntze
科名　漆树科 Anacardiaceae

形态特征　落叶乔木或小乔木，高达 10m。顶芽大，紫褐色。奇数羽状复叶互生，常集生于小枝顶端；小叶对生或近对生，坚纸质至薄革质，长圆状椭圆形、阔披针形或卵状披针形，先端渐尖或长渐尖，基部圆形或阔楔形。圆锥花序花黄绿色；花瓣长圆形，先端钝。核果大，偏斜，压扁，先端偏离中心；外果皮薄，淡黄色，无毛；中果皮厚，蜡质，白色；果核坚硬，压扁。

生境与分布　见于全市各地；生于林中。

主要用途　根、叶及果入药，有清热解毒之效；种子油可制皂或掺入干性油作油漆；树皮可提栲胶；木材坚硬致密，可作细木工用材。

165　木蜡树

学名　*Toxicodendron sylvestre*（Sieb. et Zucc.）O. Kuntze
科名　漆树科 Anacardiaceae

形态特征　落叶乔木或小乔木,高达10m。幼枝和芽被黄褐色茸毛,树皮灰褐色。奇数羽状复叶互生,有小叶3~6对,叶轴和叶柄圆柱形,密被黄褐色茸毛;小叶对生,纸质,卵形或卵状椭圆形或长圆形,先端渐尖或急尖,基部不对称,圆形或阔楔形;小叶无柄或具短柄。圆锥花序密被锈色茸毛;花黄色。核果极偏斜,压扁,先端偏于一侧;外果皮薄,具光泽,成熟时不裂;中果皮蜡质;果核坚硬。

生境与分布　见于全市各地;生于山坡、山沟、灌木丛中。

主要用途　割树干韧皮部提取生漆。

166 短梗冬青

学名 *Ilex buergeri* Miq.

科名 冬青科 Aquifoliaceae

形态特征 常绿乔木或灌木,高可达15m。树皮光滑,黑褐色。小枝具纵棱脊和槽,密被短柔毛;老枝变无毛;顶芽近卵形。叶片革质,卵形,长圆形或卵状披针形,先端渐尖,基部圆形、钝或阔楔形,边缘稍反卷。花序簇生于去年生枝的叶腋内;花冠淡黄绿色,长圆状倒卵形。果球形或近球形,成熟时红色,表面具小瘤点;内果皮石质。花期4—6月,果期10—11月。

生境与分布 见于全市各地;生于山坡、沟边常绿阔叶林中或林缘。

主要用途 优良景观树种;蜜源植物。

167 枸骨

学名 *Ilex cornuta* Lindl.
科名 冬青科 Aquifoliaceae

形态特征 常绿灌或小乔木,高达3m。幼枝具纵脊及沟。叶片厚革质,二形,四角状长圆形或卵形,先端具3枚尖硬刺齿,中央刺齿常反曲,基部圆形或近截形。花序簇生于二年生枝的叶腋内;苞片卵形,先端钝或具短尖头;花淡黄色,4基数。果球形,成熟时鲜红色,基部具四角形宿存花萼,顶端宿存柱头盘状;内果皮骨质。花期4—5月,果期10—12月。

生境与分布 见于全市各地;生于山坡、丘陵等的灌丛中、疏林中、路边、溪旁和村舍附近。

主要用途 供庭院观赏;种子含油,可作肥皂原料;树皮可提取染料和栲胶。

168　冬青

学名　*Ilex chinensis* Smis
科名　冬青科 Aquifoliaceae

形态特征　常绿乔木,高达13m。树皮灰黑色。当年生小枝具细棱。叶片薄革质至革质,椭圆形或披针形,先端渐尖,基部楔形或钝,边缘具圆齿;花淡紫色或紫红色;花萼浅杯状,裂片阔卵状三角形,具缘毛;花冠辐状,花瓣卵形,开放时反折,基部稍合生。果长球形,成熟时红色;分核4~5,狭披针形,断面呈三棱形;内果皮厚革质。花期4—6月,果期7—12月。

生境与分布　见于全市各地;生于山坡常绿阔叶林中和林缘。

主要用途　庭院观赏树种;木材坚韧,作细木工原料;树皮及种子供药用,有较强的抑菌和杀菌作用。

169 卫矛

学名 *Euonymus alatus*（Thunb.）Sieb.

科名 卫矛科 Celastraceae

形态特征 灌木,高达3m。小枝常具2~4列宽阔木栓翅;冬芽圆形,芽鳞边缘具不整齐细坚齿。叶卵状椭圆形、窄长椭圆形,两面光滑无毛;花白绿色;萼片半圆形;花瓣近圆形。种子椭圆状或阔椭圆状,种皮褐色或浅棕色,假种皮橙红色,全包种子。花期5—6月,果期7—10月。

生境与分布 见于全市各地;生于山坡、沟地边缘。

主要用途 带栓翅的枝条入药,叫"鬼箭羽"。

170 西南卫矛

学名　*Euonymus hamiltonianus* Wall.
科名　卫矛科 Celastraceae

形态特征　小乔木,高可达6m。枝条无栓翅,但小枝的棱上有时有4条极窄的木栓棱。叶较大,卵状椭圆形、长椭圆形或椭圆状披针形。蒴果较大。花期5—6月,果期9—10月。

生境与分布　见于全市各地;生于山地林中。

主要用途　观赏树种;常作绿篱。

171 冬青卫矛

形态特征 灌木,高可达 3m。小枝四棱形,具细微皱突。叶革质,倒卵形或椭圆形,先端圆阔或急尖,基部楔形。聚伞花序具 5~12 花,2~3 次分枝,分枝及花序梗均扁壮,第 3 次分枝常与小花梗等长或较短;花白绿色;花瓣近卵圆形。蒴果近球状,淡红色;假种皮橘红色。花期 6—7 月,果期9—10 月。

生境与分布 全市各地有栽培。

主要用途 庭院观赏树种;常作绿篱。

172　白杜

学名　*Euonymus maackii* Rupr.
科名　卫矛科 Celastraceae

形态特征　小乔木,高达6m。叶卵状椭圆形、卵圆形或窄椭圆形,先端长渐尖,基部阔楔形或近圆形。聚伞花序3至多花;花淡白绿色或黄绿色。蒴果倒圆心状,成熟后果皮粉红色。种子长椭圆状,种皮棕黄色,假种皮橙红色,成熟后顶端常有小口。花期5—6月,果期9月。

生境与分布　见于全市各地。

主要用途　园林绿化树种;木材可制器具及细木工雕刻用。

173 省沽油

学名　*Staphylea bumalda*（Thunb.）DC.
科名　省沽油科 Staphyleaceae

形态特征　落叶灌木，高可达 5m。树皮紫红色或灰褐色，有纵棱。绿白色复叶对生，有长柄，具3小叶；小叶椭圆形、卵圆形，先端锐尖，具尖尾，基部楔形或圆形。圆锥花序顶生，直立；花白色；萼片长椭圆形，浅黄白色；花瓣5，白色，倒卵状长圆形。蒴果膀胱状，扁平。种子黄色，有光泽。花期4—5月，果期8—9月。

生境与分布　见于李家、寿昌、莲花、梅城、三都、乾潭等；生于路旁、山地或丛林中。

主要用途　种子油可制肥皂及油漆；茎皮可作纤维。

174 野鸦椿

学名 *Euscaphis japonica*（Thunb.）Kanitz
科名 省沽油科 Staphyleaceae

形态特征 落叶小乔木或灌木,高可达8m。树皮灰褐色,具纵条纹。小枝及芽红紫色,枝、叶揉碎后发出恶臭气味。叶对生,奇数羽状复叶;小叶5~9,厚纸质,长卵形或椭圆形,先端渐尖,基部钝圆。圆锥花序顶生,花多,黄白色;萼片与花瓣均5,椭圆形。蓇葖果,果皮软革质,紫红色,有纵脉纹。种子近圆形,假种皮肉质,黑色,有光泽。花期5—6月,果期8—9月。

生境与分布 见于全市各地。

主要用途 木材可为器具用材;种子油可制皂;根及干果入药,用于祛风除湿。

175 紫果槭

学名 *Acer cordatum* Pax
科名 槭树科 Aceraceae

形态特征 常绿乔木,高可达10m。树皮灰色,光滑。当年生枝紫色。叶纸质,卵状长圆形,基部心形,先端渐尖;叶柄紫色或淡紫色。伞房花序,具花3~5朵,花序梗淡紫色;萼片紫色,倒卵形;花瓣阔倒卵形,淡白色。翅果嫩时紫色,成熟时黄褐色,小坚果突起。花期4月下旬,果期9月。

生境与分布 见于全市各地;生于山谷疏林中。

主要用途 园林景观树种;家具良材。

176 青榨槭

学名　*Acer davidii* Franch.
科名　槭树科 Aceraceae

形态特征　落叶乔木,高可达20m。树皮黑褐色,常纵裂成蛇皮状。当年生枝紫绿色,具很稀疏的皮孔;多年生枝黄褐色。叶纸质,长圆卵形,先端锐尖或渐尖,常有尖尾,基部心形。花黄绿色,成下垂的总状花序,顶生于着叶的嫩枝,具9~12朵小花。翅果嫩时淡绿色,成熟后黄褐色;小坚果开展成钝角或几成水平。花期4月,果期9月。

生境与分布　见于全市各地;生于疏林中。

主要用途　绿化和造林树种;树皮纤维较长,可作工业原料。

177　苦茶槭

学名　*Acer tataricum* Linn. subsp. *theiferum*（Fang）Y. S. Chen et P. C. de Jong

科名　槭树科 Aceraceae

形态特征　落叶灌木或小乔木,高可达6m。树皮粗糙、微纵裂。当年生枝绿色或紫绿色,多年生枝淡黄色或黄褐色。叶薄纸质,卵形或椭圆状卵形,不分裂或不明显的3~5裂;叶柄细瘦,绿色或紫绿色,无毛。伞房花序,具多数的花;萼片卵形,黄绿色。果实黄绿色;翅果较大,张开为近直立或成锐角。花期5月,果期9月。

生境与分布　见于全市各地;生于河岸、向阳山坡、湿草地,散生或形成丛林。

主要用途　绿化和造林树种;种子榨油,可用于制造肥皂。

178 无患子

学名　*Sapindus saponaria* Linn.
科名　无患子科 Sapindaceae

形态特征　落叶大乔木,高可达20余米。嫩枝绿色。小叶5~8对,通常近对生;叶片薄纸质,长椭圆状披针形,顶端短尖,基部楔形。花序顶生,圆锥形;花小,辐射对称;萼片卵形或长圆状卵形;花瓣5,披针形,有长爪。核果球形,橙黄色,干时变黑。花期春季,果期夏秋。

生境与分布　见于全市各地。

主要用途　重要的绿化树种;果皮含有皂素,可代肥皂;木材可作箱板和木梳等。

179 黄山栾树

学名　*Koelreuteria bipinnata* Franch. var. *integrifoliola*（Merr.）T. Chen
科名　无患子科 Sapindaceae

形态特征　乔木,高可达20m。皮孔圆形至椭圆形;枝具小疣点。叶平展,二回羽状复叶;小叶9~17片,互生,纸质,斜卵形,顶端短尖至短渐尖,基部阔楔形或圆形。圆锥花序大型,分枝广展;花瓣4,长圆状披针形,顶端钝或短尖。蒴果椭圆形,具3棱,淡紫红色,老熟时褐色,顶端钝或圆。种子近球形。花期7—9月,果期8—10月。

生境与分布　见于全市各地;生于丘陵、村旁或山地疏林中。

主要用途　绿化美化树种。

180 清风藤

学名 *Sabia japonica* Maxim.
科名 清风藤科 Sabiaceae

形态特征 落叶攀援木质藤本。嫩枝绿色,老枝紫褐色。芽鳞阔卵形。叶近纸质,卵状椭圆形。花先叶开放,单生于叶腋,基部有苞片4枚,苞片倒卵形;萼片5,近圆形或阔卵形;花瓣5,淡黄绿色,倒卵形或长圆状倒卵形。分果瓣近圆形或肾形。花期2—3月,果期4—7月。

生境与分布 见于全市各地;生于山谷、林缘灌木林中。

主要用途 植株含清风藤碱甲等多种生物碱,供药用,治风湿、鹤膝、麻痹等症。

181　长叶冻绿

学名　*Rhamnus crenata* Sieb. et Zucc.
科名　鼠李科 Rhamnaceae

形态特征　落叶灌木或小乔木,高达7m。幼枝带红色。叶纸质,倒卵状椭圆形、椭圆形,顶端渐尖,基部楔形或钝。花密集成腋生聚伞花序;萼片三角形,与萼管等长;花瓣近圆形,顶端2裂。核果球形或倒卵状球形,绿色或红色,成熟时黑色或紫黑色。种子无沟。花期5—8月,果期8—10月。

生境与分布　见于全市各地;生于山地林下或灌丛中。

主要用途　常用根、皮煎水或醋浸洗治顽癣或疥疮;根和果实含黄色染料。

182　圆叶鼠李

学名　*Rhamnus globosa* Bunge
科名　鼠李科 Rhamnaceae

形态特征　灌木,高可达4m。小枝对生或近对生,灰褐色,顶端具针刺。叶纸质,对生,或近对生,或在短枝上簇生,近圆形、倒卵状圆形,顶端突尖或短渐尖,基部宽楔形。花单性,雌雄异株。核果球形或倒卵状球形,基部有宿存的萼筒,成熟时黑色。种子黑褐色,有光泽。花期4—5月,果期6—10月。

生境与分布　见于莲花、下涯、大洋、梅城、三都、乾潭等;生于山坡、林下或灌丛中。

主要用途　种子榨油,作润滑油;茎皮、果实及根可作绿色染料。

183　多花勾儿茶

学名　*Berchemia floribunda*（Wall.）Brongn.
科名　鼠李科 Rhamnaceae

形态特征　藤状或直立灌木。幼枝黄绿色。叶纸质,上部叶卵形,顶端锐尖,下部叶椭圆形,顶端钝形,基部圆形。花多数,通常数个簇生排成顶生宽聚伞圆锥花序;花芽卵球形,顶端急狭成锐尖或渐尖;萼三角形,顶端尖;花瓣倒卵形。核果圆柱状椭圆形,有时顶端稍宽,基部有盘状的宿存花盘。花期7—10月,果期翌年4—7月。

生境与分布　见于全市各地;生于山坡、沟谷、林缘、林下或灌丛中。

主要用途　根入药,有祛风除湿、散瘀消肿、镇痛之功效;嫩叶可代茶。

184　刺葡萄

学名　*Vitis davidii*（Roman.）Foëx.
科名　葡萄科 Vitaceae

形态特征　木质藤本。小枝圆柱形,被皮刺。卷须2叉分枝,每隔2节间断与叶对生。叶卵圆形,顶端急尖或短尾尖,基部心形。花杂性异株;圆锥花序基部分枝发达,与叶对生;萼碟形,边缘萼片不明显;花瓣5,呈帽状黏合脱落。果实球形,成熟时紫红色。种子倒卵状椭圆形,顶端圆钝,基部有短喙;种脐在种子背面中部呈圆形,腹面中棱脊突起,两侧洼穴狭窄。花期4—6月,果期7—10月。

生境与分布　见于全市各地;生于山坡、沟谷林中或灌丛。

主要用途　根供药用,可治筋骨伤痛。

185　毛葡萄

学名　*Vitis heyneana* Roem. et Schult.
科名　葡萄科 Vitaceae

形态特征　木质藤本。小枝圆柱形，有纵棱纹。卷须2叉分枝，密被茸毛，每隔2节间断与叶对生。叶卵圆形，顶端急尖或渐尖，基部心形。花杂性异株；圆锥花序疏散，与叶对生；花瓣5，呈帽状黏合脱落。果实圆球形，成熟时紫黑色。种子倒卵形，顶端圆形，基部有短喙；种脐在背面中部呈圆形，腹面中棱脊突起，两侧洼穴狭窄，呈条形。花期4—6月，果期6—10月。

生境与分布　见于全市各地；生于山坡、沟谷灌丛、林缘或林中。

主要用途　果可生食。

186　广东蛇葡萄

学名　*Ampelopsis cantoniensis*（Hook. et Arn.）K. Koch

科名　葡萄科 Vitaceae

形态特征　木质藤本。小枝圆柱形，有纵棱纹；卷须2叉分枝，相隔2节间断与叶对生。叶为二回羽状复叶；小叶通常卵形、卵状椭圆形或长椭圆形，顶端急尖，基部多为阔楔形。花序为伞房状多歧聚伞花序，顶生或与叶对生；花瓣5，卵状椭圆形。果实近球形。种子倒卵状圆形，顶端圆形，基部喙尖锐，背部中棱脊突出。花期4—7月，果期8—11月。

生境与分布　见于全市各地；生于山谷林中或山坡灌丛。

主要用途　全株可入药，性寒，有利肠通便的功效，主治便秘，果实可酿酒。

187　俞藤

学名　*Yua thomsonii*（Laws.）C. L. Li
科名　葡萄科 Vitaceae

形态特征　木质藤本。小枝圆柱形，褐色；卷须2叉分枝，相隔2节间断与叶对生。叶为掌状5小叶，草质；小叶披针形，顶端渐尖，基部楔形。复二歧聚伞花序，与叶对生。果实近球形，紫黑色，味淡甜。种子梨形，顶端微凹，背面种脐达种子中部。花期5—6月，果期7—9月。

生境与分布　见于李家、乾潭；生山坡林中，攀援树上。

主要用途　优良的立体绿化材料。

188　中华杜英

学名　*Elaeocarpus chinensis*（Gardn. et Champ.）Hook. f. ex Benth.
科名　杜英科 Elaeocarpaceae

形态特征　常绿小乔木,高达7m。叶薄革质,卵状披针形,先端渐尖,基部圆形。总状花序生于无叶的去年生枝上;花两性或单性;花瓣5片,长圆形,不分裂;雄花的萼片、与花瓣与两性花的相同。核果椭圆形。花期5—6月。

生境与分布　见于莲花、下涯、三都、乾潭等;生于常绿林中。

主要用途　可作绿化树种。

189　秃瓣杜英

学名　*Elaeocarpus glabripetalus* Merr.
科名　杜英科 Elaeocarpaceae

形态特征　乔木，高 12m。嫩枝干后红褐色；老枝圆柱形，暗褐色。叶纸质，倒披针形，先端尖锐。总状花序常生于无叶的去年生枝上；萼片 5 片，披针形；花瓣 5 片，白色，先端较宽，基部窄。核果椭圆形，内果皮薄骨质，表面有浅沟纹。花期 7 月。

生境与分布　见于全市各地；生于常绿林中。

主要用途　可作背景树。

190　扁担杆

学名　*Grewia biloba* G. Don
科名　椴树科 Tiliaceae

形态特征　灌木或小乔木,高可达4m。多分枝;嫩枝被粗毛。叶薄革质,椭圆形,先端锐尖,基部楔形。聚伞花序腋生,多花;苞片钻形。核果红色,有2~4颗分核。花期5—7月,果期7—9月。

生境与分布　见于全市各地的不同生境。

主要用途　良好的观果树种。

191　木槿

学名　*Hibiscus syriacus* Linn.
科名　锦葵科 Malvaceae

形态特征　落叶灌木,高达4m。小枝密被黄色星状茸毛。叶菱形至三角状卵形,先端钝,基部楔形。花单生于枝端叶腋间;花萼钟形,密被星状短茸毛,裂片5,三角形;花钟形,淡紫色,花瓣倒卵形。蒴果卵圆形,密被黄色星状茸毛。种子肾形,背部被黄白色长柔毛。花期7—10月。

生境与分布　全市各地有栽培。

主要用途　供园林观赏用,或作绿篱材料;花可食用。

192　陆地棉

学名　*Gossypium hirsutum* Linn.
科名　锦葵科 Malvaceae

形态特征　一年生草本,高可达1.5m。叶阔卵形,长、宽近相等,基部心形,常3浅裂,先端突渐尖,基部宽。花单生于叶腋,花梗通常较叶柄略短;花萼杯状,裂片5,三角形;花白色或淡黄色,后变淡红色或紫色。蒴果卵圆形,具喙。种子卵圆形。花期夏秋季。

生境与分布　全市各地有栽培。

主要用途　用于生产棉纤维。

193 中华猕猴桃

学名 *Actinidia chinensis* Planch.

科名 猕猴桃科 Actinidiaceae

形态特征 大型落叶藤本。髓白色至淡褐色,片层状。叶纸质,倒阔卵形,顶端截平并中间凹入,基部钝圆、截平至浅心形。聚伞花序具1~3花;苞片小,卵形或钻形;花初放时白色,后变淡黄色,有香气;花瓣阔倒卵形。果黄褐色,近球形、圆柱形、倒卵形或椭圆形,被毛,具小而多的淡褐色斑点;宿存萼片反折。花期4月,果期10月。

生境与分布 见于全市各地。

主要用途 国家二级重点保护野生植物;富含维生素C等营养成分的水果和食品加工原料。

194　浙江红山茶

学名　*Camellia chekiang-oleosa* Hu
科名　山茶科 Theaceae

形态特征　小乔木,高6m。嫩枝无毛。叶革质,椭圆形或倒卵状椭圆形,先端短尖或急尖,基部楔形。花红色,顶生或腋生单花,无柄;苞片及萼片14~16片,宿存,近圆形;花瓣7片。蒴果卵球形,先端有短喙,分果瓣3~5,木质。花期4月,果期10—11月。

生境与分布　全市各地有栽培。

主要用途　果实可榨油;观赏树种。

195　毛花连蕊茶

学名　*Camellia fraterna* Hance
科名　山茶科 Theaceae

形态特征　灌木或小乔木,高可达 5m。嫩枝密生柔毛。叶革质,椭圆形,先端渐尖而有钝尖头,基部阔楔形。花常单生于枝顶,有苞片 4~5 片,苞片阔卵形;萼杯状,萼片 5 片,卵形;花冠白色,花瓣 5~6 片,先端稍凹入。蒴果圆球形,种子 1 个;果壳薄革质。花期 1—3 月,果期 10—11 月。

生境与分布　见于全市各地;

主要用途　园林绿化树种。

196　油茶

学名　*Camellia oleifera* Abel

科名　山茶科 Theaceae

形态特征　灌木。嫩枝有粗毛。叶革质,椭圆形,先端尖而有钝头,基部楔形。花顶生,近于无柄;苞片与萼片约10片,由外向内逐渐增大,阔卵形;花瓣白色,5~7片,倒卵形,基部狭窄,近于离生。蒴果球形或卵圆形;苞片及萼片脱落后留下的果柄有环状短节。花期冬春间,果期10月。

生境与分布　全市各地有栽培。

主要用途　优质食用油;蜜源植物。

197 茶

学名　*Camellia sinensis*（Linn.）O. Kuntze

科名　山茶科 Theaceae

形态特征　灌木或小乔木。叶革质,长圆形或椭圆形,先端钝或尖锐,基部楔形。花1~3朵腋生,白色;萼片5片,阔卵形至圆形;花瓣5~6片,阔卵形,基部略连合。蒴果三球形,每一球有种子1~2粒。花期10月至翌年2月。

生境与分布　全市各地有栽培。

主要用途　叶片炒制后可供饮用。

198　木荷

学名　*Schima superba* Gardn. et Champ.
科名　山茶科 Theaceae

形态特征　大乔木,高25m。嫩枝通常无毛。叶革质或薄革质,椭圆形,先端尖锐,基部楔形。花生于枝顶叶腋,常多朵排成总状花序,白色;苞片2,贴近萼片;萼片半圆形。蒴果。花期6—8月,果期10—11月。

生境与分布　见于全市各地;在亚热带常绿林里是建群种之一。

主要用途　防火线树种;木材供制家具。

199 厚皮香

学名 *Ternstroemia gymnanthera*（Wight et Arn.）Bedd.
科名 山茶科 Theaceae

形态特征 灌木或小乔木，高可达10m。全株无毛；树皮灰褐色，平滑。嫩枝浅红褐色，小枝灰褐色。叶革质，通常聚生于枝端，呈假轮生状，椭圆形，顶端短渐尖，尖头钝，基部楔形。果实圆球形。种子肾形，成熟时肉质假种皮红色。花期5—7月，果期8—10月。

生境与分布 见于全市各地；生于山地林中、林缘路边或近山顶疏林中。

主要用途 观赏树种。

200 红淡比

学名　*Cleyera japonica* Thunb.
科名　山茶科 Theaceae
别名　杨桐

形态特征　灌木或小乔木,高可达10m。全株无毛;树皮灰褐色或灰白色。顶芽大,长锥形;嫩枝褐色,略具2棱;小枝灰褐色,圆柱形。叶革质,长圆形,顶端渐尖或短渐尖,基部楔形或阔楔形;萼片5,卵圆形或圆形,顶端圆;花瓣5,白色,倒卵状长圆形。果实圆球形,成熟时紫黑色。花期5—6月,果期10—11月。

生境与分布　见于全市各地;生于山地、沟谷林中、山坡沟谷溪边灌丛中或路旁。

主要用途　枝、叶出口,作敬神材料。

201 格药柃

学名 *Eurya muricata* Dunn

科名 山茶科 Theaceae

形态特征 灌木或小乔木,高可达6m。全株无毛;树皮黑褐色,平滑。嫩枝圆柱形。叶革质,长圆状椭圆形或椭圆形,顶端渐尖,基部楔形;花瓣5,白色,长圆形。果实圆球形,成熟时紫黑色。种子肾圆形,稍扁,红褐色,有光泽,表面具密网纹。花期9—11月,果期翌年6—8月。

生境与分布 见于全市各地;生于山坡林中或林缘灌丛中。

主要用途 优良的蜜源植物。

202　窄基红褐枰

学名　*Eurya rubiginosa* H. T. Chang var. *attenuata* H. T. Chang

科名　山茶科Theaceae

形态特征　灌木,高可达4m。嫩枝具明显2棱;顶芽长锥形。叶革质,卵状披针形,顶端尖,基部楔形,有显著叶柄。果实圆球形或近卵圆形,成熟时紫黑色。花期10—11月,果期翌年5—8月。

生境与分布　见于全市各地;生于山坡林中、林缘、山坡路旁或沟谷边灌丛中。

主要用途　优良的蜜源植物。

203 柞木

学名 *Xylosma japonica* Sieb. et Zucc.
科名 大风子科 Flacourtiaceae

形态特征 常绿灌木或乔木，高可达 15m。树皮棕灰色，不规则从下向上反卷成小片，裂片向上反卷；幼时有枝刺。叶薄革质，菱状椭圆形至卵状椭圆形，先端渐尖，基部楔形或圆形。花小，总状花序腋生；花萼卵形；花瓣缺。浆果黑色，球形。种子 2~3 粒，卵形，鲜时绿色，干后褐色，有黑色条纹。花期春季，果期冬季。

生境与分布 见于西部山区；生于林边、丘陵、平原或村边附近灌丛中。

主要用途 庭院美化和观赏树种；蜜源植物。

204　中国旌节花

学名　*Stachyurus chinensis* Franch.
科名　旌节花科Stachyuraceae

形态特征　落叶灌木,高可达4m。树皮光滑,紫褐色;小枝具淡色椭圆形皮孔。叶互生,纸质,卵形,先端渐尖至短尾状渐尖,基部钝圆。穗状花序腋生,先叶开放,无梗;花黄色;萼片4枚,黄绿色,卵形;花瓣4枚,卵形,顶端圆形。果实圆球形,近无梗。花期3—4月,果期5—7月。

生境与分布　见于全市各地;生于山坡谷地林中或林缘。

主要用途　植于园林绿地,景观效果良好。

205 芫花

学名　*Daphne genkwa* Sieb. et Zucc.
科名　瑞香科 Thymelaeaceae

形态特征　落叶灌木,高可达1m。多分枝;幼枝黄绿色或紫褐色,老枝紫褐色或紫红色,无毛。叶对生,纸质,卵形,先端急尖,基部宽楔形,全缘。花紫色或淡蓝紫色,常3~6花簇生于叶腋或侧生,比叶先开放。果实肉质,白色,椭圆形,包藏于宿存的花萼筒的下部,具1颗种子。花期3—5月,果期6—7月。

生境与分布　见于西部山区;生于山坡谷地林中或林缘。

主要用途　观赏植物;全株可作农药。

206　毛瑞香

学名　*Daphne kiusiana* Miq. var. *atrocaulis*（Rehd.）F. Maekawa
科名　瑞香科 Thymelaeaceae

形态特征　常绿直立灌木。枝二歧分枝,小枝深紫色。叶互生,纸质,长圆形或倒卵状椭圆形,先端钝尖,基部楔形,全缘。数朵至12朵组成顶生头状花序;花被外侧有灰黄色的绢毛,花朵白色,芬芳。果熟时橙色。花期3—5月,果期7—8月。

生境与分布　见于西部山区;生于山坡谷地林中或林缘。

主要用途　传统芳香花木;根可入药,有活血、散瘀、镇痛等功效。

207　结香

学名　*Edgeworthia chrysantha* Lindl.

科名　瑞香科 Thymelaeaceae

形态特征　灌木,高达1.5m。小枝褐色,常3叉分枝,韧皮极坚韧,叶痕大。叶长圆形,先端短尖,基部楔形。头状花序顶生,花30~50朵成绒球状;花芳香,无梗,黄色,顶端4裂,裂片卵形。果椭圆形,绿色,顶端被毛。花期冬末春初,果期春夏间。

生境与分布　见于全市各地;喜生于阴湿肥沃地。

主要用途　茎皮纤维可作高级纸及人造棉原料;可栽培供观赏。

208 北江荛花

学名 *Wikstroemia monnula* Hance
科名 瑞香科 Thymelaeaceae

形态特征 灌木,高可达1m。枝暗绿色,无毛,小枝被短柔毛。叶对生,纸质,卵状椭圆形,先端尖,基部宽楔形。总状花序顶生;花细瘦,黄色带紫色或淡红色。果卵圆形,基部为宿存花萼所包被。花期4—8月,果期5—9月。

生境与分布 见于西部山区;生于山坡、灌丛中或路旁。

主要用途 韧皮纤维可作人造棉及高级纸的原料。

209 胡颓子

学名　*Elaeagnus pungens* Thunb.
科名　胡颓子科 Elaeagnaceae

形态特征　常绿直立灌木,高可达4m。具刺,刺顶生或腋生,深褐色;幼枝微扁菱形,老枝鳞片脱落,黑色,具光泽。叶革质,椭圆形,两端钝形。花白色,下垂,密被鳞片。果实椭圆形,幼时被褐色鳞片,成熟时红色,果核内面具白色丝状棉毛。花期9—12月,果期翌年4—6月。

生境与分布　见于全市各地;生于向阳山坡或路旁。

主要用途　种子、叶和根可入药,果实味甜,可生食,也可酿酒和熬糖。

210　紫薇

学名　*Lagerstroemia indica* Linn.
科名　千屈菜科 Lythraceae

形态特征　落叶灌木或小乔木,高可达7m。树皮平滑。枝干多扭曲;小枝纤细,具4棱,略呈翅状。叶互生,纸质,椭圆形,顶端短尖,基部阔楔形。花淡红色、紫色、白色,常组成顶生圆锥花序。蒴果椭圆状球形,幼时绿色至黄色,成熟时呈紫黑色。种子有翅。花期6—9月,果期9—12月。

生境与分布　见于全市各地;半阴生,喜生于肥沃湿润的土壤。

主要用途　庭院观赏树,有时亦作盆景。

211 喜树

学名　*Camptotheca acuminata* Decne.
科名　蓝果树科 Nyssaceae

形态特征　落叶乔木,高达20余米。树皮灰色,纵裂成浅沟状。当年生枝紫绿色,多年生枝淡褐色,无毛。叶互生,纸质,矩圆状卵形,顶端短锐尖,基部近圆形。头状花序近球形,常由2~9个头状花序组成圆锥花序,顶生或腋生;花杂性,同株。翅果矩圆形,幼时绿色,干燥后黄褐色,着生成近球形的头状果序。花期5—7月,果期9月。

生境与分布　全市各地有栽培。

主要用途　庭院树或行道树;叶可提喜树碱,供药用。

212 蓝果树

学名 *Nyssa sinensis* Oliv.
科名 蓝果树科 Nyssaceae

形态特征 落叶乔木，高达20m。树皮粗糙，常裂成薄片脱落。当年生枝淡绿色，多年生枝褐色。叶纸质或薄革质，互生，椭圆形，顶端短急锐尖，基部近圆形。花序伞形。核果矩圆状椭圆形，微扁，幼时紫绿色，成熟时深蓝色，后变深褐色，常3~4枚。种子外壳坚硬，骨质，稍扁。花期4月下旬，果期9月。

生境与分布 见于全市各地；生于山谷或溪边潮湿混交林中。

主要用途 果实可生食；庭院树或行道树。

213 赤楠

学名　*Syzygium buxifolium* Hook. et Arn.

科名　桃金娘科 Myrtaceae

形态特征　灌木或小乔木。嫩枝有棱,干后黑褐色。叶对生;叶片革质,阔椭圆形至椭圆形,有时阔倒卵形,先端圆或钝,基部阔楔形,有腺点。聚伞花序顶生,有花数朵;萼管倒圆锥形,萼齿浅波状;花瓣4,分离。果实球形。花期6—8月。

生境与分布　见于全市各地;生于低山疏林或灌丛。

主要用途　盆景树种;观赏植物。

214 地菍

学名 *Melastoma dodecandrum* Lour.
科名 野牡丹科 Melastomataceae

形态特征 小灌木,长可达30cm。茎匍匐上升,逐节生根。叶片坚纸质,卵形,顶端急尖,基部广楔形。聚伞花序,顶生;花瓣淡紫红色至紫红色,菱状倒卵形。果坛状、球状、截平,近顶端略缢缩,肉质,不开裂。花期5—7月,果期7—9月。

生境与分布 见于全市各地;生于山坡矮草丛中。

主要用途 果可食,亦可酿酒;全株供药用。

215 刺楸

学名　*Kalopanax septemlobus*（Thunb.）Koidz.

科名　五加科 Araliaceae

形态特征　落叶乔木,高可达30m。小枝散生粗刺,刺基部宽阔、扁平。叶片纸质,在长枝上互生,在短枝上簇生,圆形,掌状5~7浅裂,先端渐尖,基部心形。圆锥花序;花白色或淡绿黄色;萼无毛;花瓣5,三角状卵形。果实球形,蓝黑色。花期7—10月,果期9—12月。

生境与分布　见于全市各地;生于森林、灌木林中或林缘。

主要用途　木材纹理美观,可作多种工业用材;嫩叶可食。

216　中华常春藤

学名　*Hedera nepalensis* K. Koch var. *sinensis*（Tobl.）Rehd.

科名　五加科 Araliaceae

形态特征　常绿攀援灌木。茎长可达20m，灰棕色，有气生根；一年生枝疏生锈色鳞片。叶片革质。伞形花序单个顶生，或2~7个总状排列，或伞房状排列成圆锥花序，有花5~40朵；花序梗有鳞片；苞片小，三角形；花淡黄白色或淡绿白色，芳香；花瓣5，三角状卵形，外面有鳞片。果实球形，红色或黄色。花期9—11月，果期翌年3—5月。

生境与分布　见于全市各地；常攀援于林缘树木、林下路旁、岩石和房屋墙壁上。

主要用途　优良的绿化植物。

217 棘茎楤木

学名 *Aralia echinocaulis* Hand.-Mazz.
科名 五加科 Araliaceae

形态特征 小乔木,高达7m。小枝密生细长直刺。叶为二回羽状复叶;羽片有小叶5~9;小叶片膜质,长圆状卵形,先端长渐尖,基部圆形,歪斜;小叶无柄或几无柄。圆锥花序,顶生;花瓣5,卵状三角形。果实球形。花期6—8月,果期9—11月。

生境与分布 见于全市各地;生于林中或林缘空旷处。
主要用途 根皮药用,治胃炎、肾炎及风湿疼痛。

218　四照花

学名　*Dendrobenthamia japonica*（DC.）Fang var. *chinensis*（Osborn.）Fang
科名　山茱萸科 Cornaceae

形态特征　落叶小乔木。小枝纤细,幼时淡绿色,老时暗褐色。叶对生,薄纸质,卵形或卵状椭圆形,先端渐尖,基部宽楔形或圆形。头状花序球形,由40~50朵花聚集而成;总苞片4,白色,卵形,先端渐尖;花小;花萼管状,上部4裂,裂片钝圆形或钝尖形。果序球形,成熟时红色。花期4—5月,果期10月。

生境与分布　见于全市各地;生于沟谷、溪边阔叶林中。

主要用途　庭院观花、观叶、观果树种。

219 青荚叶

学名　*Helwingia japonica*（Thunb.）Dietr.

科名　山茱萸科 Cornaceae

形态特征 落叶灌木，高可达2m。幼枝绿色，叶痕显著。叶纸质，卵形、卵圆形，先端渐尖，基部阔楔形。花淡绿色，3~5数，花萼小，镊合状排列；雄花4~12，呈伞形或密伞花序，常着生于叶上面中脉。浆果幼时绿色，成熟后黑色，分核3~5枚。花期4—5月，果期8—9月。

生境与分布 见于李家；生于灌木林下。

主要用途 观赏植物，花、果实镶嵌在翠绿色的叶面上。

220 满山红

学名　*Rhododendron mariesii* Hemsl. et Wils.
科名　杜鹃花科 Ericaceae

形态特征　落叶灌木,高可达4m。枝轮生,幼时被淡黄棕色柔毛,成长时无毛。叶厚纸质,常2~3集生于枝顶,椭圆形,先端锐尖,具短尖头,基部钝。花通常2朵顶生,先花后叶;花冠漏斗形,淡紫红色或紫红色。蒴果椭圆状卵球形,密被亮棕褐色长柔毛。花期4—5月,果期6—11月。

生境与分布　见于全市各地;生于山地稀疏灌丛。

主要用途　观赏树种。

221　羊踯躅

学名　*Helwingia japonica*（Thunb.）Dietr.
科名　杜鹃花科 Ericaceae

形态特征　落叶灌木，高达 2m。枝条直立，幼时密被灰白色柔毛。叶纸质，长圆形，先端钝，具短尖头，基部楔形。总状伞形花序顶生，花多达 13 朵，先花后叶或与叶同时开放；花冠阔漏斗形，黄色或金黄色，内有深红色斑点，花冠管向基部渐狭，圆筒状。蒴果圆锥状长圆形，具 5 条纵肋。花期 3—5 月，果期 7—8 月。

生境与分布　见于全市各地；生于山坡草地或丘陵地带的灌丛中、山脊杂木林下。

主要用途　可作麻醉剂、镇痛药；可作农药。

222　马银花

学名　*Rhododendron ovatum* Planch. ex Maxim.

科名　杜鹃花科 Ericaceae

形态特征　常绿灌木,高可达6m。叶革质,卵形,先端急尖或钝,具短尖头,基部圆形。花芽圆锥状,具鳞片数枚,外面的鳞片三角形,内面的鳞片长圆状倒卵形,先端钝。花单生于枝顶叶腋;花冠淡紫色,辐状,5深裂,裂片长圆状倒卵形,内面具粉红色斑点。蒴果阔卵球形,密被灰褐色短柔毛和疏腺体。花期4—5月,果期7—10月。

生境与分布　见于全市各地;生于灌丛中。

主要用途　观赏树种。

223 映山红

学名　*Rhododendron simsii* Planch.

科名　杜鹃花科 Ericaceae

形态特征　落叶灌木,高可达5m。分枝多而纤细,密被亮棕褐色扁平糙伏毛。叶革质,常集生于枝端,卵形,先端短渐尖,基部楔形。花芽卵球形,边缘具睫毛。花2~3朵簇生于枝顶;花冠阔漏斗形,玫瑰色、鲜红色或暗红色,裂片5,倒卵形,上部裂片具深红色斑点。蒴果卵球形,密被糙伏毛;花萼宿存。花期4—5月,果期6—8月。

生境与分布　见于全市各地;生于山地、疏灌丛中或松林下。

主要用途　观赏植物;具有活血、镇痛、祛风之功效。

224　马醉木

学名　*Pieris japonica*（Thunb.）D. Don ex G. Don
科名　杜鹃花科 Ericaceae

形态特征　灌木或小乔木，高可达4m。树皮棕褐色。小枝开展，无毛。叶革质，密集生于枝顶，椭圆状披针形，先端短渐尖，基部狭楔形。总状花序或圆锥花序顶生或腋生，直立或俯垂，花序轴有柔毛；萼片三角状卵形；花冠白色，坛状，无毛，裂片近圆形。蒴果近于扁球形，无毛。花期4—5月，果期7—9月。

生境与分布　见于全市各地；生于灌丛中。

主要用途　叶有毒，可作杀虫剂。

225 江南越橘

学名　*Vaccinium mandarinorum* Diels

科名　杜鹃花科 Ericaceae

形态特征　常绿灌木或小乔木,高可达4m。老枝紫褐色或灰褐色,无毛。叶片厚革质,卵形,顶端渐尖,基部楔形。总状花序腋生;花冠白色,有时带淡红色,微香,筒状或筒状坛形,口部稍缢缩或开放。浆果,熟时紫黑色。花期4—6月,果期6—10月。

生境与分布　见于全市各地;生于山坡灌丛、杂木林中或路边林缘。

主要用途　果实可生食。

226 杜茎山

学名 *Maesa japonica*（Thunb.）Moritzi. ex Zoll.

科名 紫金牛科 Myrsinaceae

形态特征 灌木,直立,高可达5m。小枝无毛,具细条纹,疏生皮孔。叶片革质,椭圆形至披针状椭圆形,顶端渐尖,基部楔形。总状花序或圆锥花序,腋生;花冠白色,长钟形,具明显的脉状腺条纹,卵形或肾形,顶端钝或圆形,边缘略具细齿。果球形,肉质,具脉状腺条纹,宿存萼包果顶端。花期1—3月,果期10月或5月。

生境与分布 见于全市各地;生于山坡杂木林下阳处、路旁灌木丛中。

主要用途 果可食,微甜;全株供药用。

227 紫金牛

学名 *VArdisia japonica*（Thunb.）Bl.
科名 紫金牛科 Myrsinaceae

形态特征 小灌木或亚灌木，近蔓生。具匍匐生根的根状茎。叶对生或近轮生；叶片坚纸质或近革质，椭圆形至椭圆状倒卵形，顶端急尖，基部楔形。伞形花序，腋生或生于近茎顶端的叶腋；花瓣粉红色或白色，广卵形，具密腺点。果球形，鲜红色转黑色，具腺点。花期5—6月，果期11—12月。

生境与分布 见于全国各地；生于山间林下阴湿的地方。

主要用途 全株及根供药用；常见花卉。

228　堇叶紫金牛

学名　*Ardisia violacea*（Suzuki）W. Z. Fang et K. Yao
科名　紫金牛科 Myrsinaceae

形态特征　常绿矮小灌木。叶基生,呈莲座状;叶片卵状狭椭圆形,先端渐尖,基部钝圆或微心形,边缘具不规则波状浅圆齿;叶正面微红色,下面淡紫色。伞形花序。果球形,成熟时红色。花期4—6月,果期10月至翌年3月。

生境与分布　见于寿昌林场绿荷塘林区;生于林下或防火线旁。

主要用途　植株紧凑,果实色彩鲜艳,可制作小盆栽。

229　浙江柿

学名　*Diospyros glaucifolia* Metc.
科名　柿树科 Ebenaceae

形态特征　落叶乔木,高可达20m。树冠钝圆锥形。树皮淡灰褐色。叶近纸质或薄革质,倒卵形、卵形、椭圆形,先端钝,基部钝。雄花小,生于聚伞花序上;雌花萼绿色,花冠淡黄色。浆果球形,果实橙黄色;宿存萼革质。花期4—5月,果期10月。

生境与分布　见于全市各地;生于山地疏林中。

主要用途　可作柿树的砧木;木材可作家具。

230 野柿

学名　*Diospyros kaki* Thunb. var. *silvestris* Makino
科名　柿树科 Ebenaceae

形态特征 落叶乔木,高达15m。小枝及叶柄密生黄褐色柔毛。叶椭圆状卵形、矩圆状卵形或倒卵形,先端短尖,基部宽楔形或近圆形,有褐色柔毛。雄花成短聚伞花序,雌花单生于叶腋,花冠白色。小浆果球形,果实橙黄色。花期4—5月,果期10月。

生境与分布 见于全市各地;生于山地自然林或次生林中,或在山坡灌丛中。

主要用途 可作柿树的砧木;木材可作家具。

231　老鸦柿

学名　*Diospyros rhombifolia* Hemsl.
科名　柿树科 Ebenaceae

形态特征　落叶小乔木,高可达8m左右。树皮灰色,平滑;有枝刺;枝散生椭圆形的纵裂小皮孔。叶纸质,菱状倒卵形,先端钝,基部楔形。果单生,球形,嫩时黄绿色,有柔毛,后变橙黄色,熟时橘红色,有蜡样光泽,无毛,顶端有小突尖;有种子2~4颗;果柄纤细。种子褐色,半球形或近三棱形。花期4—5月,果期9—10月。

生境与分布　见于全市各地;生于山坡灌丛、山谷沟旁或林中。

主要用途　具清湿热、利肝胆、活血化瘀之功效。

232 白檀

学名　*Symplocos tanakana* Nakai
科名　山矾科 Symplocaceae

形态特征　落叶灌木或小乔木。嫩枝有灰白色柔毛,老枝无毛。叶膜质或薄纸质,阔倒卵形,先端急尖,基部阔楔形。圆锥花序,通常有柔毛;花冠白色,5深裂几达基部。核果熟时蓝色,卵状球形,稍偏斜,顶端宿萼裂片直立。花期3—4月,果期6—7月。

生境与分布　见于全市各地;生于山坡、路边、疏林或密林中。

主要用途　园林绿化点缀树种;优良的蜜源植物。

233　四川山矾

学名　*Symplocos setchuensis* Brand
科名　山矾科 Symplocaceae

形态特征　小乔木。小枝略有棱，无毛。叶互生；叶片薄革质，长圆形或狭椭圆形，先端渐尖或长渐尖，基部楔形，边缘具尖锯齿。穗状花序呈团伞状；苞片阔倒卵形；花萼裂片长圆形，萼筒短；花冠5深裂几达基部。核果卵圆形，先端具直立的宿萼裂片；核骨质。花期3—4月，果期5—6月。

生境与分布　见于全市各地；生于山坡杂木林中。

主要用途　具有定喘、清热解毒之功效。

4—5月;果期6月。

生境与分布　见于全市各地;生于山地、路旁、疏林中。

主要用途　观赏树种。

形态特征 乔木。嫩枝褐色。叶薄革质,卵形,先端呈尾状渐尖,基部楔形。总状花序被开展的柔毛;花冠白色,5深裂几达基部,裂片背面有微柔毛。核果卵状坛形,外果皮薄而脆,顶端宿萼裂片直立。花期2—3月,果期6—7月。

生境与分布 见于全市各地;生于山林间。

主要用途 根、叶、花均供药用。

236　赛山梅

学名　*Styrax confusus* Hemsl.

科名　安息香科Styracaceae

形态特征　小乔木,高可达8m。树皮灰褐色,平滑。嫩枝密被黄褐色星状短柔毛。叶革质,椭圆形,顶端急尖,基部圆形。总状花序顶生,有花3~8朵;花序梗、花梗和小苞片均密被灰黄色星状柔毛;花白色;花萼杯状,密被黄色毛。果实近球形或倒卵形,外面密被灰黄色星状茸毛和星状长柔毛;果皮厚,常具皱纹。种子倒卵形,褐色,平滑或具深皱纹。花期4—6月,果期9—11月。

生境与分布　见于全市各地;生于丘陵、山地疏林中。

主要用途　种子油供制润滑油、肥皂和油墨等。

237 **垂珠花**

形态特征 乔木,高可达20m。树皮暗灰色或灰褐色;嫩枝密被灰黄色星状微柔毛。叶革质,倒卵形,顶端急尖,尖头常稍弯,基部楔形或宽楔形。圆锥花序或总状花序顶生或腋生,具多花;花白色;花萼杯状,外面密被黄褐色星状毛;花冠裂片长圆形至长圆状披针形。果实卵形,顶端具短尖头。种子褐色,平滑。花期3—5月,果期9—12月。

生境与分布 见于全市各地;生于丘陵、山地、山坡及溪边杂木林中。

主要用途 观赏树种。

238 白花龙

学名 *Styrax faberi* Perk.
科名 安息香科 Styracaceae

形态特征 灌木,高可达2m。嫩枝具沟槽,扁圆形,密被星状长柔毛;老枝圆柱形,紫红色。叶互生,纸质,椭圆形,顶端急渐尖或渐尖,基部宽楔形。总状花序顶生,有花3~5朵,下部常单花腋生;花序梗和花梗均密被灰黄色星状短柔毛;花白色;花萼杯状,膜质。果实倒卵形,外面密被灰色星状短柔毛,果皮平滑。花期4—6月,果期8—10月。

生境与分布 见于全市各地;生于低山区和丘陵灌丛中。

主要用途 庭院栽种。

239　郁香安息香

学名　*Styrax odoratissimus*
科名　安息香科 Styracaceae

形态特征　乔木，高可达10m。树皮灰褐色，不开裂；嫩枝稍扁，疏被黄褐色星状短柔毛。叶互生，薄革质至纸质，卵形或卵状椭圆形，顶端渐尖或急尖，基部宽楔形至圆形。总状或圆锥花序，顶生；花序梗、花梗和小苞片密被黄色星状茸毛；花白色；花萼膜质，杯状，顶端截形。果实近球形，顶端骤缩而具弯喙。种子卵形，密被褐色鳞片状毛和瘤状突起，稍具皱纹。花期3—4月，果期6—9月。

生境与分布　见于全市各地；生于阴湿山谷、山坡疏林中。

主要用途　可作各种建筑材料。

240 浙江安息香

学名　*Styrax zhejiangensis* S. M. Hwang et L. L. Yu
科名　安息香科 Styracaceae

形态特征　灌木,高可达2m。小枝嫩时褐色,老时灰褐色。叶互生,纸质,宽椭圆形,顶端急尖,基部宽楔形或圆形;叶无柄或近无柄。花白色。果实单生于叶腋,顶端急尖,密被浅灰色星状长柔毛。种子卵状椭圆形,疏被白色星状长柔毛,表面具不规则瘤状突起。花期3月,果期6月。

生境与分布　见于建德林场;生于溪边。

主要用途　浙江省重点保护野生植物;供观赏。

241 小叶白辛树

学名　*Pterostyrax corymbosus* Sieb. et Zucc.

科名　安息香科 Styracaceae

形态特征　乔木,高达15m。嫩枝密被星状短柔毛。叶纸质,倒卵形、宽倒卵形,顶端急渐尖,基部楔形。圆锥花序伞房状;花白色;花萼钟状。果实倒卵形,5翅,密被星状茸毛,顶端具长喙,喙圆锥状。花期3—4月,果期5—9月。

生境与分布　见于全市各地;生于山区河边、山坡低凹而湿润的地方。

主要用途　用于庭院绿化。

242 细果秤锤树

学名 *Sinojackia microcarpa* Tao Chen & G. Y. Li

科名 安息香科 Styracaceae

形态特征 落叶灌木,高达9m。主干上的侧枝近直角,基部呈棘刺状;树皮灰黑色或黄褐色。叶椭圆形或卵形。花序有花3~7朵,白色。果木质,干燥,不开裂,呈细梭形。花期4月,果期10—11月。

生境与分布 见于建德林场;生于山谷溪沟边或沿溪沟边的灌丛林中。

主要用途 国家二级重点保护野生植物;用于园林美化。

243 苦枥木

学名 *Fraxinus insularis* Hemsl.
科名 木犀科 Oleaceae

形态特征 落叶乔木,高达30m。树皮灰色,平滑。羽状复叶;小叶3~7枚,嫩时纸质,后期变硬纸质,长圆形,先端急尖,基部楔形,两侧不等大。圆锥花序生于当年生枝端,顶生及侧生于叶腋,多花,叶后开放;花芳香;花萼钟状,齿截平;花冠白色,裂片匙形。翅果红色至褐色,长匙形,先端钝圆,翅下延至坚果上部,坚果近扁平。花期4~5月,果期7—9月。

生境与分布 见于全市各地;生于河谷、山地及石灰岩裸坡上。

主要用途 水土保持树种。

244 金钟花

学名 *Forsythia viridissima* Lindl.
科名 木犀科 Oleaceae

形态特征 落叶灌木,高可达3m。枝棕褐色,直立;小枝绿色或黄绿色,呈四棱形,皮孔明显,具片状髓。叶片长椭圆形,先端锐尖,基部楔形。花1~4朵着生于叶腋,先于叶开放;花冠深黄色,裂片狭长圆形至长圆形,内面基部具橘黄色条纹,反卷。果卵形或宽卵形,基部稍圆,先端喙状渐尖,具皮孔。花期3—4月,果期8—11月。

生境与分布 见于全市各地;生于山地、谷地或河谷边林缘,溪沟边或山坡路旁灌丛中。

主要用途 良好的观花植物。

245　小蜡

学名　*Ligustrum sinense* Lour.
科名　木犀科 Oleaceae

形态特征　落叶灌木或小乔木,高可达7m。叶片纸质或薄革质,卵形、椭圆状卵形,先端锐尖,基部宽楔形至近圆形。圆锥花序顶生或腋生,塔形;花冠裂片圆状椭圆形或卵状椭圆形。果近球形。花期3—6月,果期9—12月。

生境与分布　见于全市各地;生于各种生境的密林、疏林或混交林中。

主要用途　作绿篱栽植。

246 醉鱼草

学名　*Buddleja lindleyana* Fort.

科名　马钱科 Loganiaceae

形态特征　灌木,高可达3m。茎皮褐色;小枝具4棱,棱上略有窄翅。叶对生,萌芽枝条上的叶为互生或近轮生;叶片膜质,卵形、椭圆形至长圆状披针形,顶端渐尖,基部宽楔形至圆形。穗状聚伞花序顶生;花紫色,芳香;花萼钟状;花冠裂片阔卵形或近圆形。果序穗状;蒴果长圆状或椭圆状,有鳞片。种子淡褐色,无翅。花期4—10月,果期8月至翌年4月。

生境与分布　见于全市各地;生于山地路旁、河边灌木丛中或林缘。

主要用途　优良观赏植物。

247 蓬莱葛

学名　*Gardneria multiflora* Makino
科名　马钱科 Loganiaceae

形态特征　木质藤本,长达8m。枝条有明显的叶痕。叶片纸质至薄革质,椭圆形、长椭圆形或卵形,顶端渐尖或短渐尖,基部宽楔形。花很多而组成腋生的二至三歧聚伞花序;花序梗基部有2枚三角形苞片;花冠辐状,黄色或黄白色,厚肉质。浆果圆球状,果成熟时红色。种子圆球形,黑色。花期3—7月,果期7—11月。

生境与分布　见于全市各地;生于山地密林下或山坡灌木丛中。

主要用途　根、叶可供药用,有祛风活血之效。

248 络石

学名 *Trachelospermum jasminoides*（Lindl.）Lem.

科名 夹竹桃科 Apocynaceae

形态特征 常绿木质藤本,长达10m。具乳汁;茎赤褐色,有皮孔。叶革质或近革质,椭圆形至卵状椭圆形,顶端锐尖至渐尖,基部渐狭至钝。二歧聚伞花序腋生或顶生,花多朵组成圆锥状;花白色,芳香。蓇葖双生,叉开。种子多颗,褐色,线形。花期3—7月,果期7—12月。

生境与分布 见于全市各地;生于林缘或杂木林中,常缠绕于树上或攀援于其他物体上。

主要用途 供药用,有祛风活络、清热解毒之效。

249　厚壳树

学名　*Ehretia acuminata* R. Br.
科名　紫草科 Boraginaceae

形态特征　落叶乔木,高达15m。具条裂的黑灰色树皮。小枝褐色,有明显的皮孔。叶椭圆形、倒卵形,先端尖,基部宽楔形。聚伞花序圆锥状;花多数,密集,芳香;花冠钟状,白色,裂片长圆形,开展。核果黄色或橘黄色;核具皱褶。花期4月,果期7月。

生境与分布　见于全市各地;生于丘陵、平原疏林、山坡灌丛及山谷密林。

主要用途　可作行道树,供观赏;木材供建筑及制家具用。

250 华紫珠

学名 *Callicarpa cathayana* H. T. Chang
科名 马鞭草科 Verbenaceae

形态特征 灌木，高可达3m。小枝纤细。叶片椭圆形或卵形，顶端渐尖，基部楔形，有显著的红色腺点。聚伞花序细弱；花萼杯状，具红色腺点，萼齿不明显或钝三角形；花冠紫色，有红色腺点。果实球形，紫色。花期5—7月，果期8—11月。

生境与分布 见于全市各地；生于山坡、谷地的丛林中。

主要用途 叶具止血、消炎之功效。

251 白棠子树

学名 *Callicarpa dichotoma*（Lour.）K. Koch
科名 马鞭草科 Verbenaceae

形态特征 多分枝的小灌木，高可达3m。小枝纤细，幼嫩部分有星状毛。叶倒卵形或披针形，顶端急尖，基部楔形，表面稍粗糙，背面密生细小黄色腺点。聚伞花序在叶腋的上方着生，二至三次分歧；花萼杯状，顶端有不明显的4齿或近截平；花冠紫色。果实球形，紫色。花期5—6月，果期7—11月。

生境与分布 见于全市各地；生于低山、丘陵灌丛中。

主要用途 全株供药用；叶可提取芳香油；观赏树种。

252　老鸦糊

学名　*Callicarpa giraldii* Hesse ex Rehd.

科名　马鞭草科 Verbenaceae

形态特征　灌木,高可达5m。小枝灰黄色,被星状毛。叶片纸质,宽椭圆形至披针状长圆形,顶端渐尖,基部楔形或下延成狭楔形。聚伞花序,四至五歧;花萼钟状,具黄色腺点;花冠紫色,具黄色腺点。果实球形,紫色。花期5—6月,果期7—11月。

生境与分布　见于全市各地;生于疏林和灌丛中。

主要用途　全株入药,能清热、和血、解毒;观赏树种。

253 大青

学名　*Clerodendrum cyrtophyllum* Turcz.
科名　马鞭草科 Verbenaceae

形态特征　灌木或小乔木,高可达10m。幼枝黄褐色,髓坚实。叶片纸质,椭圆形,顶端渐尖,基部圆形。伞房状聚伞花序,生于枝顶或叶腋;花小,有橘香味;萼杯状;花冠白色,裂片卵形。果实球形或倒卵形,绿色,成熟时蓝紫色,为红色的宿萼所托。花果期6月至翌年2月。

生境与分布　见于全市各地;生于平原、丘陵、山地林下或溪谷旁。

主要用途　根、叶有清热、凉血、解毒的功效;嫩叶可食用。

254　海州常山

学名	*Clerodendrum trichotomum* Thunb.
科名	马鞭草科 Verbenaceae

形态特征　灌木或小乔木,高可达10m。老枝灰白色,具皮孔,髓白色。叶片纸质,卵形、卵状椭圆形,顶端渐尖,基部宽楔形至截形。伞房状聚伞花序顶生或腋生,二歧分枝;苞片叶状,椭圆形,早落;花萼蕾时绿白色,后紫红色,基部合生;花香;花冠白色或带粉红色,顶端5裂,裂片长椭圆形。核果近球形,成熟时外果皮蓝紫色。花果期6—11月。

生境与分布　见于李家、寿昌、莲花、三都、乾潭等;生于山坡灌丛中。

主要用途　良好的观赏花木。

255 豆腐柴

学名　*Premna microphylla* Turcz.

科名　马鞭草科 Verbenaceae

形态特征　直立灌木。叶揉之有臭味，卵状披针形、椭圆形、卵形，顶端急尖至长渐尖，基部渐狭窄，下延至叶柄两侧。聚伞花序组成顶生塔形的圆锥花序；花萼杯状，绿色，有时带紫色；花冠淡黄色，外有柔毛和腺点，花冠内部有柔毛。核果紫色，球形至倒卵形。花果期5—10月。

生境与分布　见于全市各地；生于山坡林下或林缘。

主要用途　叶可制豆腐；具清热解毒、消肿止血之功效。

256　马鞭草

学名　*Verbena officinalis* Linn.
科名　马鞭草科 Verbenaceae

形态特征　多年生草本,高可达1m。茎四方形,近基部可为圆形,节和棱上有硬毛。叶片卵圆形,茎生叶多数3深裂。穗状花序顶生和腋生,细弱;苞片稍短于花萼,具硬毛;花冠淡紫色至蓝色,裂片5。果长圆形,外果皮薄,成熟时4瓣裂。花期6—8月,果期7—10月。

生境与分布　见于全市各地;生于路边、山坡、溪边或林旁。

主要用途　全草有凉血、散瘀、通经、解毒之功效。

257 枸杞

学名 *Lycium chinense* Mill.
科名 茄科 Solanaceae

形态特征 多分枝灌木,高可达1m。枝条细弱,淡灰色,有纵条纹。叶纸质,单叶互生或2~4枚簇生,卵形,顶端急尖,基部楔形。花在长枝上单生或双生于叶腋,在短枝上则同叶簇生;花冠漏斗状,淡紫色。浆果红色,卵状,顶端尖。种子扁肾形,黄色。花果期6—11月。

生境与分布 见于全市各地;生于山坡、荒地、丘陵、路旁及村边宅旁。

主要用途 果实可食,且具药用价值;嫩叶可作蔬菜;水土保持灌木。

258 珊瑚樱

学名 *Solanum pseudo-capsicum* Linn.
科名 茄科 Solanaceae

形态特征　直立分枝小灌木,高达 2m。全株光滑无毛。叶互生,狭长圆形至披针形,先端尖,基部狭楔形,下延成叶柄。花多单生;花小,白色;萼绿色,5 裂;花冠裂片 5,卵形。浆果橙红色,萼宿存,顶端膨大。种子盘状,扁平。花期初夏,果期秋末。

生境与分布　全市各地有栽培。

主要用途　观果树种。

259　白花泡桐

学名　*Paulownia fortunei*（Seem.）Hemsl.
科名　玄参科Scrophulariaceae

形态特征　乔木,高达30m。树冠圆锥形,主干直;幼枝、叶、花序各部和幼果均被黄褐色星状茸毛。叶片长卵状心形,顶端长渐尖。花序狭长,几成圆柱形,小聚伞花序有花3~8朵;花冠管状漏斗形,白色,仅背面稍带紫色或浅紫色。蒴果长圆形或长圆状椭圆形,果皮木质。花期3—4月,果期7—8月。

生境与分布　见于全市各地;生于山坡、林中、山谷及荒地。

主要用途　城市和工矿区绿化的优良树种;制作乐器。

260 天目地黄

学名	*Rehmannia chingii* H. L. Li
科名	玄参科 Scrophulariaceae

形态特征 多年生半常绿草本。植体被多细胞长柔毛。茎单出或基部分枝。叶片椭圆形,纸质,基部楔形。花单生,连同花梗总长超过苞片;花冠紫红色,外面被多细胞长柔毛;上唇裂片长卵形,先端略尖或钝圆;下唇裂片长椭圆形,先端尖或钝圆。蒴果卵形,具宿存的花萼及花柱。种子多数,卵形至长卵形,具网眼。花期4—5月,果期5—6月。

生境与分布 见于全市各地;生于山坡、路旁草丛中。

主要用途 花境植物材料。

261　吊石苣苔

学名　*Lysionotus pauciflorus* Maxim.
科名　苦苣苔科 Gesneriaceae

形态特征　小灌木。茎长可达0.3m。叶3枚轮生；叶片革质，线形、线状倒披针形，顶端急尖，基部钝、宽楔形或近圆形。花序梗纤细，无毛；苞片披针状线形。花冠白色，带淡紫色条纹；筒细漏斗状；花盘杯状，有尖齿。蒴果线形，无毛。种子纺锤形。花期7—10月。

生境与分布　见于全市各地；生于丘陵、山地林中、阴处石崖上或树上。

主要用途　全草可供药用，治跌打损伤。

262 细叶水团花

学名 *Adina rubella* Hance
科名 茜草科 Rubiaceae

形态特征 落叶灌木,高可达3m。小枝延长,具赤褐色微毛。叶对生,近无柄,薄革质,卵状披针形或卵状椭圆形,顶端渐尖或短尖,基部阔楔形或近圆形。头状花序,单生,顶生;小苞片线形或线状棒形;花冠管5裂,花冠裂片三角状,紫红色。小蒴果长卵状楔形。花果期5—12月。

生境与分布 见于全市各地;生于溪边、河边、沙滩等湿润地区。

主要用途 纤维原料;全株入药。

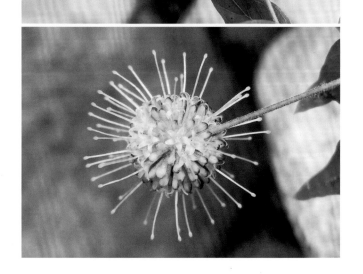

263 大叶白纸扇

学名　*Mussaenda shikokiana* Makino
科名　茜草科 Rubiaceae

形态特征 直立或藤状灌木，高可达2m。叶对生；叶片宽卵形或宽椭圆形，先端近突渐尖，基部楔形，叶膜质或薄纸质。聚伞花序顶生；萼筒陀螺状，裂片披针形，白色；花冠黄色。浆果近球形。花期6月，果期9月。

生境与分布 见于全市各地；生于山坡水沟边或竹林下阴湿处。

主要用途 具有清热解毒、解暑利湿之功效。

264 茜树

学名 *Aidia henryi*（E. Pritzel）T. Yamazaki
科名 茜草科 Rubiaceae

形态特征 灌木或乔木,高可达15m。叶革质或纸质,对生,椭圆状长圆形,顶端渐尖至尾状渐尖,基部楔形。聚伞花序与叶对生,多花;苞片和小苞片披针形;花冠黄色或白色,有时红色,花冠裂片长圆形,顶端短尖。浆果球形,紫黑色;种子多数。花期3—6月,果期5月至翌年2月。

生境与分布 见于李家、寿昌、莲花等;生于丘陵、山坡、山谷溪边的灌丛或林中。

主要用途 观赏绿化树种。

265 栀子

学名 *Gardenia jasminoides* Ellis

科名 茜草科 Rubiaceae

形态特征 灌木,高可达3m。叶对生,革质,长圆状披针形,顶端渐尖,基部楔形。花芳香,单朵生于枝顶;花冠白色或乳黄色,高脚碟状,花冠管狭圆筒形。果卵形、近球形、椭圆形,黄色或橙红色,有翅状纵棱。种子多数,扁,近圆形而稍有棱角。花期3—7月,果期5月至翌年2月。

生境与分布 见于全市各地;生于旷野、丘陵、山谷、山坡、溪边的灌丛或林中。

主要用途 香花植物;可作染料。

266 盾子木

学名 *Coptosapelta diffusa*（Champ. ex Benth.）Van Steenis

科名 茜草科 Rubiaceae

形态特征 攀援状灌木，高可达4m。嫩枝密被长糙毛。单叶对生；叶片近革质，卵状披针形，顶端渐尖，基部宽楔形至圆形。花5数，单生于叶腋；花冠白色或淡黄色，高脚碟状。蒴果近球形。种子扁圆形，边缘流苏状。花期6—8月，果期7—9月。

生境与分布 见于全市各地；生于山地、丘陵的林中或灌丛中。

主要用途 叶具祛风止痒之功效。

267 羊角藤

学名 *Morinda umbellata* Linn. subsp. *obovata* Y. Z. Ruan
科名 茜草科Rubiaceae

形态特征 藤本,攀援或缠绕。老枝具细棱,蓝黑色。叶纸质,倒卵形、倒卵状披针形,顶端渐尖,基部渐狭,上面常具蜡质。花序3~11个伞状排列于枝顶;花冠白色,稍呈钟状,裂片长圆形。聚花核果由3~7花发育而成,成熟时红色,近球形或扁球形。种子角质,棕色。花期6—7月,果期10—11月。

生境与分布 见于全市各地;攀援于山地林下、溪旁、路旁等灌木上。

主要用途 根具祛风除湿、补肾止血之功效。

268 绣球荚蒾

学名 *Viburnum macrocephalum* Fort.
科名 忍冬科 Caprifoliaceae

形态特征 落叶或半常绿灌木,高达 4m。树皮灰褐色或灰白色。叶纸质,卵形至椭圆形,顶端钝,基部圆,边缘有小齿,上面初时密被簇状短毛。聚伞花序,全部由大型不孕花组成;萼筒筒状,无毛,萼齿矩圆形,顶钝;花冠白色,辐状,裂片圆状倒卵形。花期4—5月,果期11月。

生境与分布 全市各地有栽培。

主要用途 观花树种。

269 蝴蝶戏珠花

学名　*Viburnum plicatum* Thunb. var. *tomentosum*（Thunb.）Miq.

科名　忍冬科 Caprifoliaceae

形态特征　落叶灌木。叶较狭，宽卵形或矩圆状卵形，两端渐尖，下面常带绿白色。花序外围有4~6朵白色、大型的不孕花，具长花梗；花冠辐状，黄白色，裂片宽卵形。果实先红色后变黑色，宽卵圆形；核扁，两端钝。花期4—5月，果期8—9月。

生境与分布　见于全市各地；生于山坡、山谷混交林内及沟谷旁灌丛中。

主要用途　观赏植物。

270 茶荚蒾

学名 *Viburnum setigerum* Hance
科名 忍冬科 Caprifoliaceae

形态特征 落叶灌木,高达4m。芽及叶干后变黑色;当年生小枝浅灰黄色,多少有棱角。叶纸质,卵状矩圆形,顶端渐尖,基部圆形。复伞式聚伞花序,有极小的红褐色腺点;花冠白色,干后变茶褐色,裂片卵形。果序弯垂,果实红色,卵圆形;核甚扁,卵圆形。花期4—5月,果期9—10月。

生境与分布 见于全市各地;生于山谷溪涧旁疏林或山坡灌丛中。

主要用途 我国特有的观赏植物。

271　接骨木

学名　*Sambucus javanica* Bl.

科名　忍冬科 Caprifoliaceae

形态特征　落叶灌木，高达4m。茎无棱，多分枝，灰褐色。叶对生，单数羽状复叶；小叶卵形、椭圆形或卵状披针形，先端渐尖，基部偏斜阔楔形。圆锥花序顶生，边缘有较粗锯齿；花冠辐状，4~5裂，裂片倒卵形，淡黄色。浆果鲜红色。花期4—5月，果期7—9月。

生境与分布　见于全市各地；生于山坡、林下、沟边和草丛中。

主要用途　叶主治骨折。

277

272 灰毡毛忍冬

学名 *Lonicera similis* Hemsl.
科名 忍冬科 Caprifoliaceae

形态特征 藤本。叶革质,卵形、卵状披针形,顶端尖,基部圆形。花有香味,双花常密集于小枝梢成圆锥状花序。花冠白色,后变黄色,唇形,筒纤细;上唇裂片卵形,基部具耳,下唇裂片条状倒披针形,反卷。果实黑色,常有蓝白色粉,圆形。花期6月中旬至7月上旬,果期10—11月。

生境与分布 见于全市各地;生于山谷溪流旁、山坡或山顶混交林内、灌丛中。

主要用途 有清热解毒、疏风散热之功效。

273 糯米条

学名 *Abelia chinensis* R. Br.

科名 忍冬科 Caprifoliaceae

形态特征 落叶多分枝灌木，高达2m。嫩枝红褐色，老枝树皮纵裂。叶圆卵形至椭圆状卵形，顶端急尖，基部圆或心形。聚伞花序生于小枝上部叶腋，由多数花序集合成一圆锥状花簇；花芳香，具3对小苞片；花冠白色至红色，漏斗状。果实具宿存而略增大的萼裂片。花期7—8月，果期10月。

生境与分布 见于全市各地。

主要用途 观赏植物。

274　鸭跖草

学名　*Commelina communis* Linn.
科名　鸭跖草科Commelinaceae

形态特征　一年生披散草本。茎匍匐生根，多分枝，长可达1m，下部无毛，上部被短毛。叶披针形至卵状披针形。总苞片佛焰苞状，折叠状，开展后为心形，顶端短急尖，基部心形，边缘常有硬毛；聚伞花序；花梗果期弯曲；萼片膜质；花瓣深蓝色，内面2枚具爪。蒴果椭圆形，有种子4颗。种子棕黄色。花期8—10月，果期11月。

生境与分布　见于全市各地；生于潮湿地边。

主要用途　为消肿利尿、清热解毒之良药。

275 华重楼

学名 *Paris polyphylla* Smith var. *chinensis*（Franch.）Hara

科名 百合科 Liliaceae

形态特征 草本植物,高可达 1m。全株无毛。根状茎粗厚,外面棕褐色,密生多数环节和许多须根。地上茎通常带紫红色。叶 5~8 枚轮生,通常 7 枚,倒卵状披针形、矩圆状披针形或倒披针形,基部通常楔形。内轮花被片狭条形;顶端具一盘状花柱基,花柱粗短,具(4)5 分枝。蒴果紫色,3~6 瓣裂开。种子多数,具鲜红色、多浆汁的外种皮。花期 5—7 月。果期 8—10 月。

生境与分布 见于全市各地;生于林下阴处或沟谷边的草丛中。

主要用途 国家二级重点保护野生植物;具有清热解毒、消肿止疼、息风定惊、平喘止咳等作用。

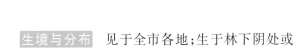

276　长梗黄精

学名　*Polygonatum filipes* Merr. ex C. Jeffrey et McEwan
科名　百合科 Liliaceae

形态特征　多年生草本。根状茎连珠状或有时"节间"稍长。地上茎高可达1m。叶互生,矩圆状披针形至椭圆形,先端尖至渐尖。花序具2~7花,花序梗细丝状;花被淡黄绿色,筒内花丝贴生部分稍具短绵毛。浆果,具2~5颗种子。花期5—7月,果期10月。

生境与分布　见于西部山区;生于林下、灌丛或草坡。

主要用途　具有补脾、润肺之功效。

277 菝葜

学名　*Smilax china* Linn.
科名　百合科 Liliaceae

形态特征　攀援灌木。根状茎粗厚，坚硬，为不规则的块状。叶薄革质，干后红褐色，圆形、卵形；叶柄有卷须。伞形花序生于叶尚幼嫩的小枝上，具十几朵或更多的花，呈球形；花绿黄色。浆果熟时红色，有粉霜。花期2—5月，果期9—11月。

生境与分布　见于全市各地；生于林下、灌丛中、路旁、河谷或山坡上。

主要用途　果实可酿酒。

278 蘘荷

学名 *Zingiber mioga* (Thunb.) Rosc.
科名 姜科 Zingiberaceae

形态特征 多年生草本,株高可达1m。根状茎淡黄色。叶片披针状椭圆形,顶端尾尖。穗状花序椭圆形;花序梗被长圆形鳞片状鞘;苞片覆瓦状排列,椭圆形,红绿色,具紫色脉;花冠管裂片披针形,淡黄色;唇瓣卵形,3裂,中部黄色,边缘白色。果倒卵形,熟时裂成3瓣,果皮里面鲜红色。种子黑色,被白色假种皮。花期8—10月。

生境与分布 见于全市各地;生于山谷中阴湿处。

主要用途 具有活血调经、祛痰止咳、解毒消肿、消积健胃、温中理气等功效。

279　毛竹

学名　*Phyllostachys edulis*（Carr.）H. de Lehaie
科名　禾本科 Gramineae

形态特征　竿高达20m,幼竿密被细柔毛及厚白粉,箨环有毛;竿环不明显,低于箨环或在细竿中隆起。箨鞘背面黄褐色或紫褐色,具黑褐色斑点及密生棕色刺毛;箨耳微小,繸毛发达;箨舌宽短,边缘具粗长纤毛;箨片较短,长三角形至披针形,有波状弯曲,绿色,初时直立,以后外翻。颖果长椭圆形,顶端有宿存的花柱基部。笋期4月。

生境与分布　见于全市各地;生于各种生境。

主要用途　笋可食用;良好的竹材。

280 白及

学名 *Bletilla striata*（Thunb. ex A. Murray）Rchb. f.
科名 兰科Orchidaceae

形态特征 植株高18~60cm。假鳞茎扁球形，上面具荸荠似的环带，富黏性。茎粗壮，劲直。叶4~6枚，狭长圆形或披针形，先端渐尖，基部收狭成鞘并抱茎。花序具3~10朵花；花苞片长圆状披针形；花大，紫红色或粉红色；萼片和花瓣近等长，狭长圆形，先端急尖；唇瓣倒卵状椭圆形，白色带紫红色，具紫色脉。花期4—5月。

生境与分布 见于全市各地；生于常绿阔叶林下、路边草丛或岩石缝中。

主要用途 国家二级重点保护野生植物；块茎具有消毒止血、预防伤口感染等功效。